暖通空调施工图设计与审查疑难问题解答

赵民　徐博荣　张欧　主编

中国建筑工业出版社

图书在版编目（CIP）数据

暖通空调施工图设计与审查疑难问题解答／赵民，
徐博荣，张欧主编. -- 北京：中国建筑工业出版社，
2024. 9. -- ISBN 978-7-112-30152-2

Ⅰ. TU83-44

中国国家版本馆 CIP 数据核字第 2024ZX3660 号

责任编辑：张文胜
文字编辑：赵欧凡
责任校对：李美娜

暖通空调施工图设计与审查疑难问题解答

赵民　徐博荣　张欧　主编

*

中国建筑工业出版社出版、发行（北京海淀三里河路 9 号）
各地新华书店、建筑书店经销
北京科地亚盟排版公司制版
北京圣夫亚美印刷有限公司印刷

*

开本：787 毫米×1092 毫米　1/16　印张：8¾　字数：190 千字
2024 年 9 月第一版　2024 年 9 月第一次印刷
定价：**52.00** 元
ISBN 978-7-112-30152-2
（43533）

编审委员会

主　　编　赵　民　徐博荣　张　欧

副 主 编　肖　燕　王娟芳　邓保顺　高学军　王　谦　鱼向荣

编　　委　于　海　付　勇　郑久军　侯文生　杨天文　程念庆　刘海滨
　　　　　王立峰　王思璠　王宇剑　李　宁　王　颉　张佳蕾　尹留成
　　　　　薛　洁　盛嘉宾　吴　鑫　沈　洁　马江燕　马　强　薄　蓉
　　　　　丁　峰　岳慧峰　高智杰　林　迪　郭庆刚　李博文　张　晶
　　　　　王玉玲　孔　帅　李思聪　魏圆圆　申翠娟　陈慧荣　许　彤
　　　　　丛　惠　甄智斌　秦　煜　李　敏　刘　雯

审 查 人　罗继杰　周　敏　戎向阳　倪照鹏　胡建丽

主编单位　中国建筑西北设计研究院有限公司
　　　　　陕西省建筑设计研究院（集团）有限公司
　　　　　西安市勘察设计协会

参编单位　中铁第一勘察设计院集团有限公司
　　　　　中联西北工程设计研究院有限公司
　　　　　华陆工程科技有限责任公司
　　　　　中国启源工程设计研究院有限公司
　　　　　西安建筑科技大学设计研究总院有限公司
　　　　　陕西西北综勘院技术咨询有限公司
　　　　　陕西西部建筑抗震技术有限责任公司
　　　　　西安市建筑设计研究院有限公司
　　　　　西安基准方中建筑设计有限公司
　　　　　陕西中建西北工程咨询有限公司
　　　　　陕西华瑞勘察设计有限责任公司
　　　　　西安鸿发施工图设计审查有限责任公司
　　　　　西安天慧建筑技术咨询有限责任公司
　　　　　榆林市恒泰建筑设计有限公司
　　　　　北京天正工程软件有限公司
　　　　　北京构力科技有限公司
　　　　　青岛海信日立空调系统有限公司

3

前　言

　　一直以来，暖通空调施工图设计与审查（包括绿色建筑与建筑节能相关内容）存在一些疑难问题没有解决，主要原因在于专业规范数量多，规范更新快，设计人员和审查人员对相关规范条文理解不同，还有些问题在规范中未予明确，这些问题直接关系到施工图设计的质量。为解决暖通空调施工图设计与审查过程中存在的问题，消除分歧，提高暖通空调施工图设计及审查质量，在符合国家、行业等标准规范，保证人民生命财产安全的基础上，结合实际情况，由西安市勘察设计协会组织，中国建筑西北设计研究院有限公司、陕西省建筑设计研究院（集团）有限公司、西安市勘察设计协会作为主编单位，会同有关单位共同编写了《暖通空调施工图设计与审查疑难问题解答》。

　　本书分 11 章，主要内容是：1 供暖；2 通风；3 空调；4 冷热源；5 消声与绝热；6 绿色建筑与节能；7 防烟排烟与通风空调防火措施；8 人防通风；9 软件应用；10 设计文件深度；11 其他。本书适用于工业及民用建筑。

　　由于设计人员和审查人员的认知差异，在暖通空调施工图设计和审查中，会碰到大量的疑难问题和分歧亟待解决。经广泛征集，本书编委会收集了近千条问题，经细致、慎重筛选，最终编入本书共 159 条，每条问题都包括解答、规范依据和分析 3 部分。解答便于读者快速找到答案，规范依据是让读者知晓出处（不同的问题可能依据相同的规范，为了方便读者阅读，相同的规范条文在对应的问题中分别列出），分析是对问题的延伸解读。

　　本书对疑难问题的解答基于专业知识和现行标准规范，由于标准规范不断更新，因此若因标准规范发生变化而与解答不一致时，应按新发布的标准规范执行。

　　本书疑难问题虽然来源于陕西省的设计院和施工图审查机构，但是除个别问题涉及相关地方标准、图集外，疑难问题具有普遍性。因此本书可服务于全国暖通专业设计和审查人员，也可供绿色建筑咨询、节能服务人员，建设、运营管理者以及高校师生等参考。

　　参加本书编写的单位包括 20 家主要从事设计、审查、软件研发等相关单位。由于作者水平有限，书中难免有疏漏和不足之处，恳请读者批评指正。请将意见反馈给中国建筑西北设计研究院有限公司（地址：陕西省西安市经济开发区文景路中段 98 号，邮政编码：710018，邮箱：min. zhao@cscec.com），以便今后不断完善。

目 录

1 供 暖

1.1　散热器供暖

1.1.1【问题】　楼梯间散热器供暖支管和门厅散热器供暖支管上是否需要设置阀门?

【解答】　对于民用建筑,楼梯间及门厅的散热器支管没有不设阀门的规定,为了控制室温及便于调节及维修,建议在支管上设置阀门(供水支管设置恒温控制阀,回水支管设置关断阀)。

对于工业建筑,楼梯间及门厅属于有冻结危险的场所,其供暖系统的立管或支管应独立设置,散热器供暖支管不应设置阀门。

【规范依据】　《工业建筑供暖通风与空气调节设计规范》GB 50019—2015 第5.3.9条[①]。

5.3.9　有冻结危险的场所,其散热器的供暖立管或支管应单独设置,且散热器前后不应设置阀门。

【分析】　对于工业建筑中有冻结危险的楼梯间或其他有冻结危险的场所,《工业建筑供暖通风与空气调节设计规范》GB 50019—2015 对散热器的供暖立管及支管上的阀门设置有具体要求,设计中应按照规范要求执行。

《民用建筑供暖通风与空气调节设计规范》GB 50736—2012 对有冻结危险场所及散热器立管或支管是否设置阀门未有明确规定。目前随着建筑节能要求的不断提高以及围护结构保温措施的加强,对于连续供暖的民用建筑的楼梯间、门厅等场所基本已无冻结危险,可以设置支管阀门以便于控温和调节。而对于一些不连续供暖的民用建筑,应视其间歇供暖的时间长短及冻结的危险性进行综合考虑,设计时应针对项目的具体情况及使用要求决定是否设置散热器支管阀门。

1.1.2【问题】　卫生间、走廊的散热器供暖支管上是否需要设置温控阀?

【解答】　民用建筑卫生间、走廊的散热器供暖支管上应设置温控阀。工业建筑中,当卫生间及走廊有分室自动控制室温的要求时,散热器供暖支管上应设置温控阀。

【规范依据】　《建筑节能与可再生能源利用通用规范》GB 55015—2021 第3.2.24条。

3.2.24　供暖空调系统应设置自动室温调控装置。

《民用建筑供暖通风与空气调节设计规范》GB 50736—2012 第5.10.4条。

5.10.4　新建和改扩建散热器室内供暖系统,应设置散热器恒温控制阀或其他自动温度控制阀进行室温调控。散热器恒温控制阀的选用和设置应符合下列规定:

1　当室内供暖系统为垂直或水平双管系统时,应在每组散热器的供水支管上安装高

---

①　本书中引用的规范条文,不同规范之间的体例格式及专业术语可能会有不同,引用部分为规范原文用法。

阻恒温控制阀；超过5层的垂直双管系统宜采用有预设阻力调节功能的恒温控制阀；

2 单管跨越式系统应采用低阻力两通恒温控制阀或三通恒温控制阀；

3 当散热器有罩时，应采用温包外置式恒温控制阀；

4 恒温控制阀应具有产品合格证、使用说明书和质量检测部门出具的性能测试报告，其调节性能等指标应符合现行行业标准《散热器恒温控制阀》JG/T 195[①] 的有关要求。

【分析】 公共建筑及居住建筑的散热器供暖系统设置恒温控制阀，规范已做出明确规定；对于工业建筑，规范仅要求分室自动控温的散热器供暖系统要求设置温控阀。卫生间、走廊等区域的散热器系统设置温控阀有利于行为节能，设计时应针对具体工程情况考虑室温控制的要求，无特殊要求时应设置恒温控制阀。

1.1.3【问题】 厂房散热器供暖系统是否需要设置自动室温调控装置？如何设置？

【解答】 厂房散热器供暖系统，当有分室自动控制室温要求时，散热器供暖系统须设置自动室温调控装置。室内供暖系统为垂直或水平双管系统时，应在每组散热器的供水支管上安装高阻恒温控制阀。单管跨越式供暖系统应采用低阻力两通恒温控制阀或三通恒温控制阀。

【规范依据】 《工业建筑供暖通风与空气调节设计规范》GB 50019—2015 第5.9.5条第1款、第2款。

5.9.5 对于需要分室自动控制室温的散热器供暖系统，选用散热器恒温阀应符合下列规定：

1 当室内供暖系统为垂直或水平双管系统时，应在每组散热器的供水支管上安装高阻恒温控制阀。

2 单管跨越式系统应采用低阻力两通恒温控制阀或三通恒温控制阀。

《工业建筑节能设计统一标准》GB 51245—2017 第8.3.15条。

8.3.15 散热器供暖系统应检测热力入口处热媒温度和压力、过滤器前后压差、工作点温度及供热量。供暖系统应设置调控车间温度的装置。

【分析】 工业建筑散热器供暖系统，当房间有分室自动温控需求时，每组应具备室温调控功能。散热器恒温控制阀有高阻型和低阻型之分，双立管系统选高阻型，单管跨越式系统选低阻型。对于面积较大的无分隔车间，不必在每组散热器上都设置温控阀，在车间的总支管上设置调节阀满足室温调控的需要即可。

1.2 辐射供暖

1.2.1【问题】 住宅户内地面辐射供暖系统热源采用户式燃气壁挂炉时，分水器供水管的

---

① 编者注：现行标准为《散热器恒温控制阀》GB/T 29414—2012。

自控阀门及室温控制器如何设置？

【解答】 住宅低温热水地板辐射供暖系统热源采用户式燃气壁挂炉时，可根据户型和使用要求选择采用分室控温或分户控温方式。

1. 壁挂炉总体（分户）温控：室内温控器可连接至壁挂炉底边专用接线口，当室温低于设定温度时燃烧器启动，当室温高于设定温度时燃烧器关闭。水管可采用普通的截止阀或球阀。

2. 壁挂炉分环路（分室）温控：壁挂炉分环路（分室）控制应设在分水器或集水器处，并与燃气量控制、水温控制、超温及防冻保护功能整合为一体控制系统。

【规范依据】 《严寒和寒冷地区居住建筑节能设计标准》JGJ 26—2018 第5.2.3条。

5.2.3 在有条件采用集中供热或在楼内集中设置燃气热水机组（锅炉）的高层建筑中，不宜采用户式燃气供暖炉（热水器）作为供暖热源。当采用户式燃气炉作为热源时，应设置专用的进气及排烟通道，并应符合以下规定：

1 燃气炉自身应配置有完善且可靠的自动安全保护装置；

2 应具有同时自动调节燃气量和燃烧空气量的功能，并应配置有室温控制器；

3 配套供应的循环水泵的工况参数，应与供暖系统的要求相匹配。

【分析】 燃气壁挂炉自带室温控制功能，但由于其只有一个室温传感器，并根据设置的室温对燃气量进行控制，对住宅进行分户控温是可以满足要求的，可采用分户控温方式。

对于各个房间均要求室温控制时，各个房间的室温控制器及温度传感器所对应的恒温阀应设置在分水器或集水器各室水系统环路分支处，这时应注意燃气壁挂炉自带的室温传感器和各房间室温控制器及室温传感器的设置是否有重复，应使燃烧系统的启停满足控制逻辑要求，不影响系统安全运行。

1.2.2【问题】 住宅地面辐射供暖系统，从楼梯间管井引至各户的入户埋地管道是否需要保温？

【解答】 需要保温。一般可采用绝热层包裹，减少无益热损失。同时，若走廊中敷设的管道密集，会引起走廊的温度过高。

【规范依据】 《民用建筑供暖通风与空气调节设计规范》GB 50736—2012 第5.9.10条。

5.9.10 符合下列情况之一时，室内供暖管道应保温：

1 管道内输送的热媒必须保持一定的参数；

2 管道设置在管沟、管井、技术夹层、阁楼及顶棚内等导致无益热损失较大的房间内或易被冻结的地方；

3 管道通过的房间或地点要求保温。

【分析】 采用低温热水地面辐射供暖系统的住宅楼梯间一般都为不供暖楼梯间，设置在垫层内入户管道不采取保温措施时，热损失较大，按照《民用建筑供暖通风与空气调节设计规范》GB 50736—2012 第 5.9.10 条的规定，应设置保温措施。

1.2.3【问题】 公共建筑采用地面辐射供暖系统，多个房间共用分集水器，目前多数项目室温控制采用总体控制，无法达到分室控温的效果，设计时如何把控？

【解答】 公共建筑地面辐射供暖系统多个房间共用分（集）水器，室温采用总体控制时，由于各房间的供暖设定温度不尽相同、房间功能及使用时间不同等，无法达到分室控温的规定。设计中应采用分环路（分室）控制，实现室温自动调控。

【规范依据】 《建筑节能与可再生能源利用通用规范》GB 55015—2021 第 3.2.24 条。

3.2.24 供暖空调系统应设置自动室温调控装置。

【分析】 公共建筑供暖系统设置自动室温调控装置，是有效利用室内自由热从而达到节省室内供热量的节能措施，是规范的强制性规定，应严格执行。

工程中经常遇到的室温要求一致、使用时间相同的大空间以及直接连通的空间等设置的室温总体控制方式是将其当作一个房间进行控温，原则上也属于分室控温，属于分室控温的一种特殊情况，设计时应根据工程实际情况合理设计分集水器环路。

对于居住建筑，地面辐射供暖系统一般设计为独立支管的布置形式，采用总体控制时，各房间温度只能由住户通过各分支阀门手动粗调节，无法根据房间负荷变化准确控制室温，因此推荐采用分环路控制方式。

此外，采用传统豆石混凝土等铺设方式的"湿式"地面辐射供暖系统，由于地面热惰性大，房间受太阳辐射影响，即使采用了室温自动调控装置，也无法快速响应，造成房间过热。因此设计人员应根据建筑的特点，采用地面热惰性小的"干式"地面辐射供暖系统，或采用其他供暖形式。

1.2.4【问题】 幼儿园和老年照料中心如果冬季采用地面辐射供暖系统，供水温度低于50℃，设于室内的分集水器是否一定要设防护罩？

【解答】 老年人照料中心热水辐射供暖分集水器必须有防止烫伤的保护措施；对于幼儿园，虽无强制性要求，但考虑分集水器一般是金属制作，为防止幼儿碰伤，建议设置防护罩。

【规范依据】 《老年人照料设施建筑设计标准》JGJ 450—2018 第 7.2.5 条。

7.2.5 散热器、热水辐射供暖分集水器必须有防止烫伤的保护措施；

《托儿所、幼儿园建筑设计规范（2019 年版）》JGJ 39—2016 第 6.2.5 条。

6.2.5 当采用散热器供暖时，散热器应暗装。

【分析】 皮肤长时间接触 40～50℃ 的物体会引起低温烫伤，导致不可逆损伤。老年人行动不便，存在低温烫伤的风险较大，故老年人照料中心的热水辐射供暖分集水器必须有防止烫伤的保护措施。

虽然《托儿所、幼儿园建筑设计规范（2019年版）》JGJ 39—2016中未明确规定热水辐射供暖分集水器必须设计防止烫伤的保护措施，但考虑分集水器一般是金属制作，为防止幼儿碰伤，同时也防止低温烫伤，设计中应合理布置分集水器位置或设置必要的防护措施，以避免碰伤或低温烫伤。

1.2.5【问题】 住宅采用地面辐射供暖方式，设计时仅在居室内局部布置地面辐射盘管，是否符合规范要求？

【解答】 符合规范要求。

【规范依据】 《辐射供暖供冷技术规程》JGJ 142—2012第3.4.1条。

3.4.1 辐射面传热量应满足房间所需供热量或供冷量的需求。

【分析】 实际工程中，住宅的居室均存在房间外围护结构较少、房间热负荷较小的情况，仅需少量布设地面辐射供暖埋地盘管即可满足房间热负荷和室内设计温度的需求。计算确定辐射供热量应考虑家具等对地面遮挡、覆盖的影响，且应满足室内温度均匀的要求。室内布置的辐射盘管的散热量应能满足整个房间的供暖负荷需求并尽量做到散热均匀。这与房间的局部供暖的概念及设计方法是不同的。

1.3 室内管道

1.3.1【问题】 对于冬季有防冻要求的屋顶水箱间等给水排水专业设备用房，如何设置防冻设施？

【解答】 对于冬季有冻结要求的屋顶水箱间等给水排水专业设备用房，根据要求可采取电伴热措施或空气源热泵、散热器及暖风设备等供暖措施，以防冻。

【规范依据】 《消防设施通用规范》GB 55036—2022第3.0.10条第3款。

3.0.10 高位消防水箱应符合下列规定：

3 设置高位水箱间时，水箱间内的环境温度或水温不应低于5℃。

【分析】 防冻与供暖是两个不同的概念，其着重点不同。工程中防冻的对象一般是指工艺系统、设施及设备等。在选择防冻措施前，首先应结合房间位置和围护结构情况判断房间温度是否会低于5℃。当有冻结危险时，可由给水排水专业设置电伴热等措施进行防冻设计，或与暖通空调专业配合采取设置室内供暖系统的防冻方式。

1.3.2【问题】 严寒和寒冷地区的建筑物可否采用电供暖？无集中供暖条件的工业建筑，当其厂房不需要供暖，而附属房间需要供暖时，可否采用电供暖？电热膜地面供暖是否属于电供暖？

【解答】 严寒和寒冷地区的建筑满足《建筑节能与可再生能源利用通用规范》GB

55015—2021 第 3.2.2 条、第 3.2.3 条的规定时可采用电供暖。

无集中供暖条件的工业建筑，大面积的厂房不需要供暖，而附属房间供暖，当满足《工业建筑节能设计统一标准》GB 51245—2017 第 5.5.1 条的规定时可采用电供暖。

电热膜地面供暖属于电供暖。

【规范依据】 《建筑节能与可再生能源利用通用规范》GB 55015—2021 第 3.2.2 条、第 3.2.3 条。

3.2.2 对于严寒和寒冷地区居住建筑，只有当符合下列条件之一时，应允许采用电直接加热设备作为供暖热源：

1 无城市或区域集中供热，采用燃气、煤、油等燃料受到环保或消防限制，且无法利用热泵供暖的建筑。

2 利用可再生能源发电，其发电量能满足自身电加热用电量需求的建筑。

3 利用蓄热式电热设备在夜间低谷电进行供暖或蓄热，且不在用电高峰和平段时间启用的建筑。

4 电力供应充足，且当地电力政策鼓励用电供暖时。

3.2.3 对于公共建筑，只有当符合下列条件之一时，应允许采用电直接加热设备作为供暖热源：

1 无城市或区域集中供热，采用燃气、煤、油等燃料受到环保或消防限制，且无法利用热泵供暖的建筑。

2 利用可再生能源发电，其发电量能满足自身电加热用电量需求的建筑。

3 以供冷为主、供暖负荷非常小，且无法利用热泵或其他方式提供供暖热源的建筑。

4 以供冷为主、供暖负荷小，无法利用热泵或其他方式提供供暖热源，但可以利用低谷电进行蓄热且电锅炉不在用电高峰和平段时间启用的空调系统。

5 室内或工作区的温度控制精度小于 0.5℃，或相对湿度控制精度小于 5% 的工艺空调系统。

6 电力供应充足，且当地电力政策鼓励用电供暖时。

《工业建筑节能设计统一标准》GB 51245—2017 第 5.5.1 条。

5.5.1 除符合下列情况外，不得采用电作为直接供暖或空调的热源：

1 采用燃油、燃煤设备受环保或消防严格限制，且无生产余热或无区域热源及气源时；

2 有峰谷电价的区域，仅在夜间利用低谷电价时段蓄热时；

3 远离集中供热的分散独立建筑，无其他可利用的热源，且无法利用热泵供热时；

4 不允许采用热水或蒸汽直接供暖，且不能间接供暖的重要配电用房；

5 利用可再生能源及余热发电，且发电量能满足电热供暖时；

6 恒温恒湿区域及室内湿度精度要求较高，且无蒸汽源区域的加湿。

【分析】 随着我国电力事业的发展和电力需求的变化，电能生产和应用方式均呈现出多元化趋势。同时，全国不同地区电能的生产、供应与需求也是不相同的，无法做到一刀切的严格规定和限制。因此，民用建筑当满足《建筑节能与可再生能源利用通用规范》GB 55015—2021第3.2.2条、第3.2.3条的要求时，允许采用电直接加热设备。

陕西省作为国家的能源接续地，属于电力充足地区。同时，陕西省严寒和寒冷地区目前新建居住建筑的建筑节能要求全面达到75%，夏热冬冷地区的建筑供暖负荷较低，因此经技术经济论证合理时，居住建筑可利用电加热供暖方式。

对于工业建筑，当满足《工业建筑节能设计统一标准》GB 51245—2017第5.5.1条的规定时，可采用电直接供暖。

1.3.3【问题】 高层建筑中的供暖竖向主干管上安装的波纹补偿器设置在补偿管段的哪个部位更为合理？

【解答】 高层建筑供暖系统低区，波纹补偿器设置在管径较大的主立管下部管道上较为合理；供暖系统的高区补偿器设置在高低区中部固定支架的两侧或两个固定支架之间管径较大的一侧较为合理。

【规范依据】 《民用建筑供暖通风与空气调节设计规范》GB 50736—2012第5.9.5条。

5.9.5 当供暖管道利用自然补偿不能满足要求时，应设置补偿器。

【分析】 设置波纹补偿器时，不仅需要满足补偿量的要求，还应综合考虑固定支架受力和管道轴向失稳等因素。两个补偿管段所设置的波纹补偿器设置在同一固定支架两侧时，固定支架所受推力可以部分抵消，较为经济。当仅有一个补偿管段设置波纹补偿器时，为了避免管道轴向失稳，波纹补偿器设置在管径较大侧的固定支架旁较为合理。

1.3.4【问题】 地下或地上汽车停车库冬季是否需要设置集中供暖设施？ 如果不设置供暖设施，应该对地下汽车库内的管道和设施采取什么防冻措施？

【解答】 严寒地区机动车库内应设集中供暖系统；严寒地区非机动车库、寒冷地区机动车库内宜设供暖设施。

地下汽车库内给水系统管道、排水系统管道、消防水系统管道及设施，给水排水专业已采取防冻措施时可不考虑设置供暖设施。无论是否设置供暖措施，暖通空调系统管道均应按规范要求采取保温措施。

【规范依据】 《车库建筑设计规范》JGJ 100—2015第7.3.1条。

7.3.1 严寒地区机动车库内应设集中采暖系统；严寒地区非机动车库、寒冷地区机动车库内宜设采暖设施。车库内采暖室内计算温度应符合表7.3.1规定。

表 7.3.1　车库内采暖室内计算温度

名称	室内计算温度（℃）
停车区域	5～10
洗车间	12～15
管理办公室、值班室、卫生间等	16～18

《民用建筑供暖通风与空气调节设计规范》GB 50736—2012 第 11.1.1 条。

11.1.1　具有下列情形之一的设备、管道（包括管件、阀门等）应进行保温：

　　1　设备与管道的外表面温度高于 50℃ 时（不包括室内供暖管道）；

　　2　热介质必须保证一定状态或参数时；

　　3　不保温时，热损耗量大，且不经济时；

　　4　安装或敷设在有冻结危险场所时；

　　5　不保温时，散发的热量会对房间温、湿度参数产生不利影响或不安全因素。

【分析】　与严寒地区相比，寒冷地区冬季室外气温较高，而且机动车冷却系统防冻液基本不会有冻结的危险，车库消防给水、建筑给水排水管道的防冻是必须考虑的主要问题。如果相关专业已妥善考虑了管道或设施的防冻措施，寒冷地区的机动车库可不设置供暖措施进行防冻。

　　对于严寒地区的地下汽车库，以及陕西省陕北地区的地下汽车库，为降低供热能耗，维持车库内温度，尤其是减少车道口处的冷风侵入，建议在车道口处设置可自动升降的卷帘。

1.4　供热管网

1.4.1【问题】　《建筑机电工程抗震设计规范》GB 50981—2014 第 5.2.3 条规定：热力入口关断阀应设置在建筑物外，阀后应设置柔性连接。热力入口设置在室内时是否需要增设室外关断阀门？

【解答】　需要设置室外关断阀门。

【规范依据】　《建筑机电工程抗震设计规范》GB 50981—2014 第 5.1.2 条第 3 款、第 5.2.3 条第 4 款。

5.1.2　供暖、空气调节水管道的布置与敷设应符合下列规定：

　　3　管道穿过建筑物的外墙或基础时，应符合下列规定：

　　1）管道穿越建筑物外墙时应设防水套管，管道穿越建筑物基础时应设套管。基础与管道之间应留有一定间隙，管道与套管间的缝隙内应填充柔性材料。

　　2）当穿越的管道与建筑物外墙或基础为嵌固时，应在穿越的管道上室外就近设置柔性连接件。

5.2.3 室外热力管道的布置与敷设应符合下列规定：

    4 热力入口关断阀应设置在建筑物外，阀后应设置柔性连接。

《建筑与市政工程抗震通用规范》GB 55002—2021 第 6.2.9 条、第 6.2.12 条。

6.2.9 城镇给水排水和燃气热力工程中，管道穿过建（构）筑物的墙体或基础时，应符合下列规定：

    1 在穿管的墙体或基础上应设置套管，穿管与套管之间的间隙应用柔性防腐、防水材料密封。

    2 当穿越的管道与墙体或基础嵌固时，应在穿越的管道上就近设置柔性连接装置。

6.2.12 管网上的阀门均应设置阀门井。

《城镇供热管网设计标准》CJJ/T 34—2022 第 8.5.1 条第 1 款。

8.5.1 供热管网阀门的设置应符合下列规定：

    1 热水、蒸汽网干线、支干线、支线的起点应安装关断阀门。

【分析】 热力入口设置关断阀的目的在于发生地震时室内热力系统与室外热力系统能够方便地切断连接，减少对其他用户的影响。同时，在管道穿越建筑墙体或基础处应做好防水和柔性连接，室外阀门应设置阀门井。

热力入口设在室内时，即使利用其进出户管道上的阀门作为关断阀，依然存在关断阀与室外热力干管之间的管道在室内部分与建筑物的刚性连接（如：支吊架），并未能有效切断连接。《城镇供热管网设计标准》CJJ/T 34—2022 第 8.5.1 条第 1 款规定，室外管网支线的起点应设置关断阀门，以保证室内、外系统发生故障时能及时切断室外管网与室内系统，便于运行和维护。

另外，实际工程中，经常存在单体交付时间或供热需求不同步的情况，在进入建筑物的室外热力支管上设置关断阀，从运营角度来考虑也更为灵活。

1.4.2【问题】 《城镇供热管网设计标准》CJJ/T 34—2022 第 4.2.2 条第 1 款规定：当热源为热电厂或区域锅炉房时，设计供水温度宜取 110~150℃，回水温度不应高于 60℃。目前承压锅炉供/回水温度多为 130℃/70℃，110℃/70℃，95℃/70℃，回水温度都高于 60℃，设计时如何选用参数？

【解答】 热网降低回水温度是节能的需要。自建锅炉房则应结合锅炉要求，依据设计工况选择合适的锅炉种类，进行各项参数的修正，根据修正后的参数进行设备选型。

【规范依据】 《城镇供热管网设计标准》CJJ/T 34—2022 第 4.2.2 条第 1 款。

4.2.2 当不具备条件进行供回水温度的技术经济比较时，热水管网供回水温度可按下列原则确定：

    1 当热源为热电厂或区域锅炉房时，设计供回水温度宜取 110℃～150℃，回水温度不应高于 60℃。

【分析】 锅炉作为热源，其供回水与空调或生活热水系统的供回水可以是不同的。锅炉产品样本中的参数为规定条件下的额定值，当实际设计工况与规定条件不一致时，应选择合适的锅炉种类，进行各项参数的修正，设计时应根据修正后的参数进行选型。当采用冷凝锅炉时，可选择较低的回水温度与系统匹配。

1.4.3【问题】 《通风与空调工程施工质量验收规范》GB 50243—2016 第 9.2.2 条第 2 款规定：并联水泵的出口管道进入总管应采用顺水流斜向插接的连接形式，夹角不应大于 60°。 整体式换热机组如何满足上述要求？

【解答】 换热机组内部配管必须满足相关产品标准的规定。

【规范依据】 《建筑工程施工质量验收统一标准》GB 50300—2013 第 4.0.4 条。

4.0.4 分项工程可按主要工种、材料、施工工艺、设备类别进行划分。

《城镇供热用换热机组》GB/T 28185—2011 第 5.2.1 条。

5.2.1 设备和管路的布置应结构合理、布线规范、检修方便、便于操作和观测，管道接口应顺畅、阻力损失小。

【分析】 根据《建筑工程施工质量验收统一标准》GB 50300—2013 第 4.0.4 条，换热机组作为分项工程进行整体验收，体现了换热机组的完整性和独立性，换热机组内部配管满足相关产品标准的规定即可。《通风与空调工程施工质量验收规范》GB 50243—2016 第 9.2.2 条第 2 款是工程实践中总结出来的经验，设计时在换热机组选型说明中可以对此加以要求。

1.4.4【问题】 根据《湿陷性黄土地区建筑标准》GB 50025—2018，对于供热管道，是否允许采用直埋的敷设方式？

【解答】 湿陷性黄土地区，在防护距离以外的供热管道可以采用直埋敷设方式；在防护距离以内的供热管道应采用管沟敷设，并应采取与建筑物类别相应的防水措施。

【规范依据】 《湿陷性黄土地区建筑标准》GB 50025—2018 第 5.5.19 条、第 5.5.20 条。

5.5.19 采用直埋敷设的供热管道，管材选用应符合国家现行有关标准的规定。对重点监测管段，宜设置泄漏报警系统。

5.5.20 采用管沟敷设的供热管道，在防护距离内的管沟材料及做法应符合本标准第 5.5.10 条和第 5.5.11 条的规定；各种地下井、室应采用与管沟相应的材料及做法。在防护距离外的管沟可采取基本防水措施。阀门不宜设在沟内。

【分析】 《湿陷性黄土地区建筑标准》GB 50025—2018 允许供热管道采用直埋敷设，同时强调采用直埋敷设时，应选择质量可靠的管材以及加强施工质量的管控。供热管道采用直埋敷设时，其管道、检查井及固定墩等的地基处理应符合《湿陷性黄土地区建筑标准》GB 50025—2018 相关规定。

按照《湿陷性黄土地区建筑标准》GB 50025—2018 第 5.1.4 条、第 5.2.4 条的要求，供热管线应根据场地湿陷类型和自重湿陷量大小、与建筑物的距离以及建筑物地基剩余湿陷量等综合确定地基处理措施和防水措施。埋地管道与建筑物之间应保持防护距离，当不能满足防护距离时，应采取与建筑物类别相应的防水措施，如基本防水措施、检漏防水措施、严格防水措施等。管沟材料及做法、检漏井、检查井、坡度等要求应满足《湿陷性黄土地区建筑标准》GB 50025—2018 的相关规定。

1.4.5【问题】 《供热工程项目规范》GB 55010—2021 第 4.1.11 条第 1 款规定热水供热管道输送干线应设置分段阀门。 分段阀门具体如何设置？ 地下室的供热管网是否执行该项规定？

【解答】 分段阀门的设置要求详见《城镇供热管网设计标准》CJJ/T 34—2022 第 8.5.1 条。地下室的供热管网不需要执行《供热工程项目规范》GB 55010—2021 第 4.1.11 条的相关规定。

【规范依据】 《城镇供热管网设计标准》CJJ/T 34—2022 第 2.0.2 条、第 8.5.1 条。

2.0.2 输送干线 transmission mains

自热源至主要负荷区且长度超过 2km 无分支管的干线。

8.5.1 供热管网阀门的设置应符合下列规定：

1 热水、蒸汽管网干线、支干线、支线的起点应安装关断阀门。

2 热水管网输送干线分段阀门的间距宜为 2000m～3000m；输配干线分段阀门的间距宜为 1000m～1500m。

3 长输管线上分段阀门的间距宜为 4000m～5000m。

4 管道在进出综合管廊时，应在综合管廊外设置阀门。

《供热工程项目规范》GB 55010—2021 第 1.0.2 条第 2 款。

1.0.2 城市、乡镇、农村的供热工程项目必须执行本规范。本规范不适用于下列工程项目：

2 热用户建筑物内供暖、空调和生活热水供应工程，生产用热工程项目。

【分析】 《城镇供热管网设计标准》CJJ/T 34—2022 详细规定了分段阀门的设置原则。根据《供热工程项目规范》GB 55010—2021 第 1.0.2 条，地下室的供热管网不属于该规范所约束的范畴，无须执行其相关规定。

2 通　风

2.1 机械通风

2.1.1【问题】 垃圾间、隔油间等有异味（恶臭）房间的排风一般如何处理？是否一定要高空排放？垃圾间是否需要按照《市容环卫工程项目规范》GB 55013—2021 第 3.3.3 条的要求设置除臭净化消毒设施？除臭净化消毒设施是否属于暖通空调专业设计范围？

【解答】 垃圾间、隔油间等有异味（恶臭）房间的排风应当经除臭后有组织高空排放。

垃圾间应执行《市容环卫工程项目规范》GB 55013—2021 的相关规定。

除臭净化消毒设施内容属于暖通空调专业设计范围。

【规范依据】 《恶臭污染物排放标准》GB 14554—93 第 5.2 条、第 6.1.1 条。

5.2 排污单位经烟、气排气筒（高度在 15m 以上）排放的恶臭污染物的排放量和臭气浓度都必须低于或等于恶臭污染物排放标准。

6.1.1 排气筒的最低高度不得低于 15m。

《市容环卫工程项目规范》GB 55013—2021 第 3.3.3 条。

3.3.3 生活垃圾收集站应有通风、除臭、隔声、污水收集及排放措施，并应设置消毒、杀虫、灭鼠等装置。

《民用建筑供暖通风与空气调节设计规范》GB 50736—2012 第 6.1.2 条。

6.1.2 对不可避免放散的有害或污染环境的物质，在排放前必须采取通风净化措施，并达到国家有关大气环境质量标准和各种污染物排放标准的要求。

【分析】 垃圾间、隔油间等有异味（恶臭）房间排风应当经除臭后有组织高空排放，一般情况下排气筒高度不低于 15m。排气筒的高度在设计中要给予足够的重视，即使废气排放前已经采取了有效的净化措施，高空排放对加强污染物稀释扩散、降低污染物落地浓度依旧是最直接、最经济有效的措施。排气筒高度除满足相关规定以外，在项目环境影响评价的工作中，由环境影响评价单位对污染物的排放情况进行模拟计算，从而进一步核准排气筒高度，采取必要废气净化措施，确保达标排放。

2.1.2【问题】 机械送风系统室外新风口位置应如何确定？

【解答】 机械送风系统室外新风口取风应设在室外空气清新、洁净的位置或地点，进风口的下缘距室外地坪不宜小于 2m，当设在绿化地带时，不宜小于 1m，同时应避免进风、排风短路。

【规范依据】 《民用建筑供暖通风与空气调节设计规范》GB 50736—2012 第 6.3.1 条、第 6.3.9 条第 6 款第 2）项。

6.3.1 机械送风系统进风口的位置，应符合下列规定：

1 应设在室外空气较清洁的地点；

2 应避免进风、排风短路；

3 进风口的下缘距室外地坪不宜小于2m，当设在绿化地带时，不宜小于1m。

6.3.9 事故通风应符合下列规定：

6 事故排风的室外排风口应符合下列规定：

2）排风口与机械送风系统的进风口的水平距离不应小于20m；当水平距离不足20m时，排风口应高出进风口，并不宜小于6m；

《民用建筑设计统一标准》GB 50352—2019第8.2.2条第1款。

8.2.2 设有机械通风系统的民用建筑应符合下列规定：

1 新风采集口应设置在室外空气清新、洁净的位置或地点；废气及室外设备的出风口应高于人员经常停留或通行的高度；有毒、有害气体应经处理达标后向室外高空排放；与地下供暖管沟、地下室开敞空间或室外相通的共用通风道底部，应设有防止小动物进入的篦网。

【分析】 关于机械送风系统进风口（新风进风口）位置：

1. 为了使送入室内的空气免受外界环境的不良影响而保持清洁，因此规定把进风口布置在室外空气较清洁的地点，新风采集口不应设在窝风或易被扬尘、尾气、排气等污染的区域。

2. 为了防止排风（特别是散发有害物质的排风）对进风的污染，进风口、排风口的相对位置应遵循避免短路的原则；进风口宜低于排风口3m以上，当进风口、排风口在同一高度时，宜在不同方向设置，且水平距离一般不宜小于10m。用于改善室内舒适度的通风系统可根据排风中污染物的特征、浓度，通过计算适当减少排风口与新风口的距离。

3. 为了防止送风系统把进风口附近的灰尘、碎屑等扬起并吸入，故规定进风口下缘距室外地坪不宜小于2m，同时还规定当进风口布置在绿化地带时，不宜小于1m。

4. 事故排风口与机械送风系统进风口的水平距离不应小于20m；当水平距离不足20m时，排风口应高出进风口，且不宜小于6m。

2.1.3【问题】 地下车库室外排风口位置应如何确定？

【解答】 地下车库排风口宜设于下风向，排风口不应朝向邻近建筑的可开启外窗或取风口，当排风口与人员活动场所的距离小于10m时，朝向人员活动场所的排风口底部距人员活动地坪的高度不应小于2.5m。

【规范依据】 《民用建筑供暖通风与空气调节设计规范》GB 50736—2012第6.6.18条。

6.6.18 对于排除有害气体的通风系统，其风管的排风口宜设置在建筑物顶端，且宜采用防雨风帽。屋面送、排（烟）风机的吸、排风（烟）口应考虑冬季不被积雪掩埋的措施。

《民用建筑设计统一标准》GB 50352—2019第8.2.2条第1款。

8.2.2 设有机械通风系统的民用建筑应符合下列规定：

1 新风采集口应设置在室外空气清新、洁净的位置或地点；废气及室外设备的出风口应高于人员经常停留或通行的高度；有毒、有害气体应经处理达标后向室外高空排放；与地下供暖管沟、地下室开敞空间或室外相通的共用通风道底部，应设有防止小动物进入的篦网。

《民用建筑通用规范》GB 55031—2022 第 4.5.1 条。

4.5.1 地下车库、地下室有污染性的排风口不应朝向邻近建筑的可开启外窗或取风口；当排风口与人员活动场所的距离小于 10m 时，朝向人员活动场所的排风口底部距人员活动场所地坪的高度不应小于 2.5m。

《车库建筑设计规范》JGJ 100—2015 第 3.2.8 条。

3.2.8 地下车库排风口宜设于下风向，并应做消声处理。排风口不应朝向邻近建筑的可开启外窗；当排风口与人员活动场所的距离小于 10m 时，朝向人员活动场所的排风口底部距人员活动地坪的高度不应小于 2.5m。

【分析】 地下室由于受到建筑平面布置限制，排风口往往很难做到处于下风向，因此对于车库排风口距人员活动场所距离、邻近建筑可开启外窗和取风口的距离，以及距人员活动地坪的高度应严格执行相关规范。同时，地下车库排风量大，风机噪声较大，为防止噪声污染环境，排风应做消声处理。

2.1.4【问题】 公共厨房排油烟系统的室外出风口位置应如何确定？

【解答】 公共厨房排油烟系统的室外出风口位置应当符合陕西省工程建设标准《公共厨房污染控制及废弃物处理设计标准》DB 61/T 5034—2022 第 4.3.10 条、第 4.3.11 条。

【规范依据】 《公共厨房污染控制及废弃物处理设计标准》DB 61/T 5034—2022 第 4.3.10 条、第 4.3.11 条。

4.3.10 经油烟净化后的油烟排放口与周边环境敏感目标距离不应小于 20m；经油烟净化和除异味处理后的油烟排放口与周边环境敏感目标的距离不应小于 10m。

4.3.11 在满足周边环境敏感目标距离大于 10m 的情况下，饮食业单位所在建筑物高度小于等于 15m 时，油烟排放口应高出屋顶；建筑物高度大于 15m 时，油烟排放口应高于 15m；其他情况应满足相关规定。

【分析】 公共厨房排油烟系统的排风口应与住宅、医院、教育、科研及办公等环境敏感目标保持严格的距离要求。同时应高空有组织排放，并与地面保持严格距离要求。当有环保批复时，应严格遵照当地环保批复要求。

2.1.5【问题】 对于共用管井的竖向或水平通风系统，考虑各系统的同时使用系数，风速如何选择？

【解答】 在保证最不利工况条件下，管道风速结合实际情况确定同时使用系数，风速可按《民用建筑供暖通风与空气调节设计规范》GB 50736—2012 第 6.6.3 条、第 10.1.5 条的规定设计。

【规范依据】 《民用建筑供暖通风与空气调节设计规范》GB 50736—2012 第 6.6.3 条、第 10.1.5 条。

6.6.3 通风与空调系统风管内的空气流速宜按表 6.6.3 采用。

表 6.6.3 风管内的空气流速（低速风管）

风管分类	住宅（m/s）	公共建筑（m/s）
干管	$\dfrac{3.5\sim4.5}{6.0}$	$\dfrac{5.0\sim6.5}{8.0}$
支管	$\dfrac{3.0}{5.0}$	$\dfrac{3.0\sim4.5}{6.5}$
从支管上接出的风管	$\dfrac{2.5}{4.0}$	$\dfrac{3.0\sim3.5}{6.0}$
通风机入口	$\dfrac{3.5}{4.5}$	$\dfrac{4.0}{5.0}$
通风机出口	$\dfrac{5.0\sim8.0}{8.5}$	$\dfrac{6.5\sim10}{11.0}$

注：1 表列值的分子为推荐流速，分母为最大流速。
　　2 对消声有要求的系统，风管内的流速宜符合本规范 10.1.5 的规定。

10.1.5 有消声要求的通风与空调系统，其风管内的空气流速，宜按表 10.1.5 选用。

表 10.1.5 风管内的空气流速（m/s）

室内允许噪声级 [dB（A）]	主管风道	支管风道
25～35	3～4	≤2
35～50	4～7	2～3

注：通风机与消声装置之间的风管，风速可采用 8m/s～10m/s。

【分析】 首先，要保证最不利工况下以主风道风速上限运行时，通风系统的风机风量及余压可以满足各支路对风量的要求；其次，管道风速的确定要考虑到噪声、风机及其功率等因素。可采用无级调速型风机等，方便调节风速和风量。

2.1.6【问题】 设置在外墙的百叶风口的遮挡率一般为多少？防雨百叶风口的遮挡率通常较大，排风、排烟系统能否不采用防雨百叶风口？

【解答】 设置在外墙的百叶风口，根据对产品统计分析，遮挡率一般为 25％～45％，普通单层百叶风口的遮挡率可取 25％～30％，防雨百叶风口的遮挡率可取 40％～45％。

设置在外墙的百叶风口上部无遮雨措施时宜选择防雨百叶风口。

【规范依据】 无。

【分析】 百叶风口的遮挡率是由百叶形式、风口尺寸等因素决定的，是遮挡部分面积与风口外形总面积之比。根据对目前市场产品的统计，外墙百叶风口一般均为单层百叶风口。百叶的有效面积系数是指通过气流部分的面积与风口外形总面积之比，普通单层百叶风口的遮挡率为25%～30%，有效面积系数为0.70～0.75，设计时可根据具体风口产品确定。

排风、排烟系统设置于外墙上的百叶风口上部无遮雨措施时，宜设置防雨百叶风口。当设置于挑檐、雨棚等设施下部不受下雨影响时，采用普通单层百叶风口即可。

2.1.7【问题】 综合医院传染病房污染区和半污染区的空调通风系统，是否可以合用？传染病房的卫生间通风是否可采用共用排风竖井？

【解答】 传染病医院或综合医院的传染病区分清洁区、半污染区、污染区，各区域空气污染程度不同，为防止污染区域的空气通过通风管道对较清洁区域的影响，送风、排风系统应按区域独立设置，杜绝污染空气通过空调通风系统流到清洁区。

传统的卫生间排风系统大多数采用共用竖井排出屋面。但在传染病医院或综合医院传染病区，呼吸道传染病房的卫生间的排风应分病区分层设置排风系统。

【规范依据】 《综合医院建筑设计规范》GB 51039—2014 第7.1.7条。

7.1.7 空调系统应符合下列要求：

    1 应根据室内空调设计参数、医疗设备、卫生学、使用时间、空调负荷等要求合理分区；

    2 各功能区域宜独立，宜单独成系统；

    3 各空调分区应能互相封闭，并应避免空气途径的医院感染；

    4 有洁净度要求的房间和严重污染的房间，应单独成一个系统。

《传染病医院建筑设计规范》GB 50849—2014 第7.1.4条、第7.1.8条、第7.3.2条、第7.3.5条。

7.1.4 医院内清洁区、半污染区、污染区的机械送、排风系统应按区域独立设置。

7.1.8 病房卫生间排风不宜通过共用竖井排风，应结合病房排风统一设计。

7.3.2 建筑气流组织应形成从清洁区至半污染区至污染区有序的压力梯度。房间气流组织应防止送、排风短路，送风口位置应使清洁空气首先流过房间中医务人员可能的工作区域，然后流过传染源进入排风口。

7.3.5 同一个通风系统，房间到总送、排风系统主干管之间的支风道上应设置电动密闭阀，并可单独关断，进行房间消毒。

【分析】 为了控制传染病区的空气流向，防止污染空气扩散，缩小传染范围，传染病医院或综合医院的传染病区应按区域独立设置机械通风系统。强制控制气流流向是防止空气交叉污染的根本，空气的气流组织应排除死区、停滞和送排风短路，防止细菌、病毒的积聚。气流组织的要求，使得医务人员不会处于传染源和排风口之间，减少医务人员被感染的机会。

经调查，新型冠状病毒的传染途径之一是以气溶胶的方式通过排气竖井造成交叉感染。其他呼吸道传染病的传染途径也有类似的情况。因此，呼吸道传染病病房卫生间的排风若采用共用竖井会造成交叉感染或带来交叉感染的风险，因此应分病区分层设置排风系统。

2.2 事故通风

2.2.1【问题】 排除有燃烧或爆炸危险气体、蒸气和粉尘的排风系统，其排风设备不应布置在地下或半地下建筑（室）内。 上述规定是否适用于地下燃气锅炉房、燃气厨房操作间等的事故通风？

【解答】 《建筑防火通用规范》GB 55037—2022 第 9.3.3 条要求排除有燃烧或爆炸危险气体、蒸气和粉尘的排风系统，其排风设备不应布置在地下或半地下。此条是针对甲、乙类工业厂房或仓库平时的排风系统而言，甲、乙类生产厂房以及其他建筑物随时随地都可能排除有爆炸危险物质，其排风系统、风管及其风机都必须设置于地面以上，不得设于地下室或半地下室。

燃气锅炉房、燃气厨房操作间事故通风设备宜设置在地面以上，如果必须设置在地下或半地下室时，应设置在专用机房或通风竖井内。

【规范依据】 《建筑防火通用规范》GB 55037—2022 第 9.3.3 条。

9.3.3 排除有燃烧或爆炸危险性气体、蒸气或粉尘的排风系统应符合下列规定：

1 应采取静电导除等静电防护措施；

2 排风设备不应设置在地下或半地下；

3 排风管道应具有不易积聚静电的性能，所排除的空气应直接通向室外安全地点。

《锅炉房设计标准》GB 50041—2020 第 15.1.1 条第 1 款。

15.1.1 锅炉房的火灾危险性分类和耐火等级应符合下列规定：

1 锅炉间应属于丁类生产厂房，建筑不应低于二级耐火等级；当为燃煤锅炉间且锅炉的总蒸发量小于或等于4t/h或热水锅炉总额定热功率小于或等于2.8MW时，锅炉间建筑不应低于三级耐火等级。

《城镇燃气设计规范（2020 年版）》GB 50028—2006 第 10.5.3 条第 5 款。

10.5.3 商业用气设备设置在地下室、半地下室（液化石油气除外）或地上密闭房间内时，应符合下列要求：

5 应设置独立的机械送排风系统；通风量应满足下列要求：

1）正常工作时，换气次数不应小于 6 次/h；事故通风时，换气次数不应小于 12 次/h；不工作时换气次数不应小于 3 次/h；

2) 当燃烧所需的空气由室内吸取时,应满足燃烧所需的空气量;

3) 应满足排除房间热力设备散失的多余热量所需的空气量。

【分析】 燃气锅炉间属于丁类生产厂房,燃气厨房操作间与燃气锅间的性质一样。对于设于地下室的燃气厨房操作间、燃气锅炉间,平时是在有明火环境下运行,当室内燃气浓度达到爆炸浓度下限的25%时,其事故通风开始运行,排出的空气还没有达到爆炸浓度,但从安全考虑,事故通风设备也宜布置在地面以上。事故通风系统必须设置在地下时,应采取相应的安全措施,如设置在专用机房内,并采用耐火极限不低于3.00h的防火隔墙与相邻区域分隔,机房本身应设置机械通风系统或具有良好的自然通风条件,也可设置在自然通风良好的竖井内等①。

2.2.2【问题】 柴油发电机房、储油间的通风系统是否要设事故排风? 储油间排风设备是否需要防爆?

【解答】 柴油发电机房可不设事故排风,储油间应设置独立的事故排风。储油间排风设备需要防爆。

【规范依据】 《民用建筑供暖通风与空气调节设计规范》GB 50736—2012 第 6.3.9 条第 1 款、第 3 款。

6.3.9 事故通风应符合下列规定:

1 可能突然放散大量有害气体或有爆炸危险气体的场所应设置事故通风。事故通风量宜根据放散物的种类、安全及卫生浓度要求,按全面排风计算确定,且换气次数不应小于 12 次/h;

3 放散有爆炸危险气体的场所应设置防爆通风设备。

《建筑设计防火规范(2018 年版)》GB 50016—2014 第 9.3.4 条。

9.3.4 空气中含有易燃、易爆危险物质的房间,其送、排风系统应采用防爆型的通风设备。当送风机布置在单独分隔的通风机房内且送风干管上设置防止回流设施时,可采用普通型的通风设备。

【分析】 根据《爆炸危险环境电力装置设计规范》GB 50058—2014 附录 C,柴油是ⅡA级别,T3引燃温度组别,引燃温度为220℃,闪点为43~87℃,爆炸下限为0.6,爆炸上限为6.5,相对密度为7.00。《应急管理部办公厅关于修改〈危险化学品目录(2015版)实施指南(试行)〉涉及柴油部分内容的通知》将柴油列为危险化学品(易燃液体),不再区分闪点。因此,储油间应设置独立的事故排风,储油间排风设备需要防爆。考虑到发电机组与储油间进行了严格的防火分隔,发电机组房间油料较少,即使有少量的泄漏也不易形成爆炸危险环境,因此发电机房可不按照爆炸危险环境设计。

---

① 摘自《建筑防火通用规范》GB 55037—2022 实施指南 [M]. 北京:中国计划出版社,2023。

2.2.3【问题】 采用燃气辐射供暖的厂房，是否应设事故通风系统？

【解答】 燃烧器设置在室内（室内布置燃气设施）的燃气辐射供暖的厂房，应设事故通风系统。

【规范依据】《工业建筑供暖通风与空气调节设计规范》GB 50019—2015 第 5.5.1 条、第 6.4.1 条。

5.5.1 无电气防爆要求的场所，技术经济比较合理时，可采用燃气红外线辐射供暖。采用燃气红外线辐射供暖时，应符合下列规定：

1 易燃物质可能出现的最高浓度不超过爆炸下限值的 10% 时，燃烧器宜设置在室外；

2 燃烧器设置在室内时，应采取通风安全措施，并应符合现行国家标准《城镇燃气设计规范》GB 50028 的相关规定。

6.4.1 对可能突然放散大量有毒气体、有爆炸危险气体或粉尘的场所，应根据工艺设计要求设置事故通风系统。

【分析】 燃气辐射供暖存在燃气在室内直接燃烧的过程，燃烧后放散二氧化碳和水蒸气等燃烧产物，当燃烧不完全时，还会生成一氧化碳。又因室内布置了燃气管道，有燃气泄漏的可能。燃气泄漏具有隐蔽性，难以发现，极容易引发燃气事故和次生灾害，所以一旦发生泄漏应能及时快速地排除厂房内的可燃气体，防止其聚集达到爆炸极限并发生事故，故燃烧器设置在室内（室内布置燃气设施）的燃气辐射供暖的厂房，应设置事故通风。

2.2.4【问题】 公共建筑内采用天然气作为燃料的厨房，厨房内的电气设备均未考虑防爆，设置事故通风时，通风设备以及通风系统是否应按防爆设计？使用天然气的厨房是否需要考虑防爆泄压？

【解答】 公共建筑内采用天然气作为燃料的厨房应设置事故通风系统，事故风机应按防爆风机设计。使用天然气的厨房应便于通风和防爆泄压。

【规范依据】《建筑防火通用规范》GB 55037—2022 第 4.3.12 条。

4.3.12 建筑内使用天然气的部位应便于通风和防爆泄压。

《民用建筑供暖通风与空气调节设计规范》GB 50736—2012 第 6.3.9 条第 1 款、第 3 款。

6.3.9 事故通风应符合下列规定：

1 可能突然放散大量有害气体或有爆炸危险气体的场所应设置事故通风。事故通风量宜根据放散物的种类、安全及卫生浓度要求，按全面排风计算确定，且换气次数不应小于 12 次/h；

3 放散有爆炸危险气体的场所应设置防爆通风设备。

《建筑设计防火规范（2018 年版）》GB 50016—2014 第 9.3.4 条。

9.3.4 空气中含有易燃、易爆危险物质的房间，其送、排风系统应采用防爆型的通风设备。当送风机布置在单独分隔的通风机房内且送风干管上设置防止回流设施时，可采用普通型的通风设备。

【分析】 为防止采用天然气作为燃料的厨房燃气泄漏造成爆炸危险，应设置事故通风机，要求可燃气体浓度达到其爆炸下限值的 25%时就报警并启动事故通风机。

根据《建筑防火通用规范》GB 55037—2022 第 4.3.12 条，采用天然气作为燃料的厨房操作间应通过合理的布置保证其具有良好的直接对外的通风和泄压条件，防止可燃气体在室内聚集，而不是简单地设计泄压措施。

2.2.5【问题】 变配电室中配置六氟化硫开关柜，设置事故排风系统与气体灭火事故后排风系统是否应分开独立设置？

【解答】 事故排风系统与气体灭火事故后排风系统可以分设也可以合用。

【规范依据】 无。

【分析】 配置六氟化硫开关柜的变电所通风包括三种：排除余热的机械通风、六氟化硫事故通风、气体灭火后防护区的通风换气。三种通风是单独设置还是组合设置，需要根据通风量、控制方式、排风口（吸风口）等综合考虑，经技术经济分析后确定。

2.2.6【问题】 数据机房内蓄电池室若采用锂电池，是否按照易燃易爆房间处理？是否设置事故通风？

【解答】 数据机房内采用锂电池的蓄电池室不属于易燃易爆场所，但属于具有较高火灾危险性的场所。数据机房内蓄电池室在气体灭火系统完成后，应进行灾后通风换气。

【规范依据】 《电力设备典型消防规程》DL 5027—2015 第 10.6.2 条第 1 款。

10.6.2 其他蓄电池室（阀控式密封铅酸蓄电池室、无氢蓄电池室、锂电池室、钠硫电池、UPS 室等）应符合下列要求：

1 蓄电池室应装有通向室外的有效通风装置，阀控式密封铅酸蓄电池室内的照明、通风设备可不考虑防爆。

《数据中心设计规范》GB 50174—2017 第 13.1.1 条。

13.1.1 数据中心防火和灭火系统设计应符合现行国家标准《建筑设计防火规范》GB 50016、《气体灭火系统设计规范》GB 50370、《细水雾灭火系统技术规范》GB 50898 和《自动喷水灭火系统设计规范》GB 50084 的规定，并应按本规范附录 A 执行。

《气体灭火系统设计规范》GB 50370—2005 第 6.0.4 条。

6.0.4 灭火后的防护区应通风换气，地下防护区和无窗或设固定窗扇的地上防护区，应设置机械排风装置，排风口宜设在防护区的下部并应直通室外。通信机房、电子计算机房等场所的通风换气次数应不少于每小时 5 次。

【分析】　根据《电力设备典型消防规程》DL 5027—2015，蓄电池室应装有通向室外的有效通风装置，通风设备可不考虑防爆。锂电池室不属于甲、乙类火灾危险性场所，即易燃易爆场所，但属于具有较高火灾危险性的场所。《数据中心设计规范》GB 50174—2017 对蓄电池室无事故通风的要求。根据《气体灭火系统设计规范》GB 50370—2005，数据中心蓄电池室一般均采用气体消防。因此，锂电池蓄电池室应设置有效通风装置，并应在气体灭火后进行灾后通风换气。

3 空 调

3.0.1【问题】 何种形式的空调为中央空调?

【解答】 "中央空调"是对工作介质进行集中处理、输送和分配的空调系统的俗称,根据《供暖通风与空气调节术语标准》GB/T 50155—2015 的定义,即为集中式空调系统。

【规范依据】 《供暖通风与空气调节术语标准》GB/T 50155—2015 第 5.3.2 条。

5.3.2 集中式空调系统 central air conditioning system

对工作介质进行集中处理、输送和分配的空调系统。

【分析】 集中式空调系统是指集中制备空调用冷、热水,并通过水管和水泵输送至需要进行空气处理的末端设备之中的空调系统,又称为集中冷热源空调系统。但多联机空调系统并不属于集中式空调系统。

根据《供暖通风与空气调节术语标准》GB/T 50155—2015 与《多联机空调系统工程技术规程》JGJ 174—2010 中的定义,多联机空调系统是指:一台(组)空气(水)源制冷或热泵机组配置多台室内机,通过改变制冷剂流量适应各房间负荷变化的直接膨胀式空气调节系统。

3.0.2【问题】 设置集中式空调系统的场所,是否可以采用自然通风来满足最小新风量要求? 设置多联机空调系统、分体空调的场所是否需要设计有组织新风系统?

【解答】 设置集中式空调系统的场所,其最小新风量应根据项目的实际情况、卫生标准及建设单位的需求,确定采用机械新风系统还是自然通风系统。同样,设置多联机空调系统的场所,可根据项目具体情况选择设置机械新风系统还是自然通风系统来满足系统的最小新风量需求。对于设置分体空调的场所,通常可采用自然通风来满足新风需求。

【规范依据】 《公共场所卫生指标及限值要求》GB 37488—2019 第 4.2.1 条。

4.2.1 新风量、二氧化碳

对有睡眠、休憩需求的公共场所,室内新风量不应小于 $30m^3/(h \cdot 人)$,室内二氧化碳浓度不应大于 0.10%;其他场所室内新风量不应小于 $20m^3/(h \cdot 人)$,室内二氧化碳浓度不应大于 0.15%。

《公共场所集中空调通风系统卫生规范》WS 10013—2023 第 4.1 条。

4.1 集中空调通风系统新风量的设计应符合表 1 的要求。

表 1 新风量要求

场所类型	计量单位	要求
宾馆、旅店、招待所、候诊室、理发店、美容店、游泳场(馆)、博物馆、美术馆、图书馆、游艺厅(室)、舞厅等	$m^3/(h \cdot 人)$	≥30
影剧院、录像厅(室)、音乐厅、公共浴室、体育场(馆)、展览馆、商场(店)、书店、候车(机、船)室、公共交通工具等	$m^3/(h \cdot 人)$	≥20

【分析】 设置空调系统的场所在空调季是否采用机械新风系统,应综合考虑卫生标

25

准、建筑规模、人群密度、使用要求、自然通风条件等因素。

采用机械新风系统的集中式空调系统，能够使建筑内空调区域处于微正压，有利于保证建筑的热环境及热舒适度，一般在建设标准要求较高的建筑中采用。对于建设标准要求不高的建筑，也可以采用自然通风方式。另外，当建筑开窗条件受限，且需要保证新风量需求时，应设置机械新风系统。

3.0.3【问题】 集中式空调系统的水冷式冷水机组，当过渡季室外温度较低，空调冷却水供水温度过低造成冷水机组自动保护，无法正常运行，但室内还需要供冷，如何处理？

【解答】 当室外温度较低时，可优先采取新风直接供冷以及冷却塔免费供冷方式，不足部分由冷水机组补充。可采取在冷却水供回水管路间设置旁通管、冷却塔风机变频运行等方式进行水温调节，以保证冷水机组正常运行。

【规范依据】 无。

【分析】 当过渡季室外温度较低，室内仍需要供冷时，可采取以下几种方式：

1. 当室外空气焓值低于室内空气设计焓值时，可采取新风直接供冷（空调系统应具备加大新风量的条件，并满足人员的健康要求）；

2. 根据建筑的使用要求，考虑过渡季采用冷却塔供冷（采用闭式冷却塔直接供冷或开式冷却塔加板式换热器间接供冷）；

3. 可根据室内、外设计参数，采取冷却水管路旁通、冷却塔风机变频运行等方式，调节冷却水温度，以保证冷水机组正常运行。

3.0.4【问题】 在住宅的多联机空调系统设计时，业主委托多联机设备厂家进行的设备选型与设计院根据标准规范计算选用的多联机设备容量差距较大，是什么原因？如何解决？

【解答】 多联机设备厂家根据其企业的内部规定，往往放大负荷指标进行设备选型，这是多联机设备厂家为了满足业主的需求，避免因设备选型达不到业主需求引起投诉的销售政策，与现行设计标准不符。业主委托多联机设备厂家进行设备选型是个体行为，不属于建筑市场管理范畴。

设计院所承接的项目必须按照相关标准规范的要求进行设计，在设计时应深入了解多联机设备，关注设备本身的特点，做到合理选型。

【规范依据】 无。

【分析】 对于目前由多联机设备厂家进行设备选型的住宅多联机空调系统，通过市场调查，发现存在以下情况：

1. 多联机设备厂家或经销商设计采用的设备装机冷负荷指标为 $160\sim200\text{W/m}^2$（空调面积）。

2. 多联机设备厂家或经销商配置的空调系统按冬、夏双制考虑，设备选型时考虑业主的满意度，按满足冬季室外最低温度计算极端气候条件下空调供暖热负荷。

3. 住宅的空调机组通常为间歇式运行，用户对室内温度的要求是开机即达到舒适要求，特别是有大面积玻璃窗或双面外墙的房间，多联机设备厂家在室内机选型时会进行放大处理。

4. 当室内机未设电辅热功能时，室外机选型会进行放大处理。

5. 当室外机的位置设在建筑物凹槽内或者连廊等处，室外机散热会造成热空气聚集，无法满足良好的通风散热时，室外机选型会进行放大处理。

6. 多联机设备厂家或经销商选用的室外机装机容量很重要的一点就是考虑了室外机与室内机的配置关系，即配置率（超配率）的限制要求，一般不宜超过1.3。

7. 当项目为精装修时，业主对多联机空调系统的要求是：考虑实际效果，保证室外最不利温度条件下，满足室内温度要求，以此确定室外机组的名义制冷（热）量。实际室外机选型会比理论计算值更大。

设计院在对住宅项目进行施工图设计时，首先根据标准规范的要求，必须对每个供暖空调房间或区域进行热负荷和逐项逐时冷负荷计算，同时根据多联机空调系统服务区域的负荷特性（温度、管长、除霜）、间歇运行与同时使用情况等对负荷进行修正；当室外设计工况与机组的名义工况不同时，多联机空调系统的实际制冷（热）量需根据设计条件的温度、配置率、管长、室内外机组的安装高差以及融霜方式等进行修正。因此，设计院的设计计算及设备选型更符合相关标准规范的要求（即最低要求），且同时保证其经济合理性。

3.0.5【问题】 《中小学校设计规范》GB 50099—2011 与《民用建筑供暖通风与空气调节设计规范》GB 50736—2012 规定的教室的新风量不同，设计时如何选取？

【解答】 教室的新风量应按《民用建筑供暖通风与空气调节设计规范》GB 50736—2012 规定的新风量选取。

【规范依据】 无。

【分析】 《中小学校设计规范》GB 50099—2011 于 2012 年 1 月 1 日起实施，然后才发布了《民用建筑供暖通风与空气调节设计规范》GB 50736—2012 并于 2012 年 10 月 1 日起实施，且该规范中教室的新风量标准高于《中小学校设计规范》。因此，综合考虑两本规范的发布时间以及各自的新风量标准，教室的新风量应满足《民用建筑供暖通风与空气调节设计规范》GB 50736—2012 的要求。

3.0.6【问题】 《建筑电气与智能化通用规范》GB 55024—2022 第 2.0.3 条规定："建筑物电气设备用房和智能化设备用房应符合下列规定：无关的管道和线路不得穿越。"为电气设备用房和智能化设备用房服务的空调及通风管道是否为无关的管道？

【解答】 为电气设备用房和智能化设备用房服务的空调及通风管道不属于无关管道。

【规范依据】 《建筑电气与智能化通用规范》GB 55024—2022 第 2.0.3 条第 3 款、第 4 款。

2.0.3 建筑物电气设备用房和智能化设备用房应符合下列规定：

3 无关的管道和线路不得穿越；

4 电气设备的正上方不应设置水管道。

《民用建筑电气设计标准》GB 51348—2019 第 4.11.4 条。

4.11.4 在供暖地区，控制室（值班室）应供暖，供暖计算温度为 18℃。在严寒地区，当配电室内温度影响电气设备元件和仪表正常运行时，应设供暖装置。控制室和配电装置室内的供暖装置，应采取防止渗漏措施，不应有法兰、螺纹接头和阀门等。

【分析】 为电气设备用房和智能化设备用房服务的管道不可避免地需进入此类用房，属于有关联的管道，但必须满足有水的管道不能设置在电气设备正上方的要求，同时有水的管道应采取防止渗漏措施，不应有法兰、螺纹接头和阀门等。设计时，电气设备用房宜采用不包含水管路的供暖空调系统，确需采用时也宜采取措施尽量避免水管进入。

3.0.7【问题】 空气源热泵机组+散热器（风机盘管）供暖系统，室外计算温度取供暖室外计算温度还是空调室外计算温度？

【解答】 室外计算温度的选取应根据项目的建设标准确定。选择空调室外计算温度意味着项目要求的标准较高；选择供暖室外计算温度意味着项目要求的标准较低，末端可以是散热器，也可以是风机盘管。空气源热泵机组的有效制热量应根据室外空调计算温度，然后分别采用温度修正系数和融霜修正系数进行修正。

【规范依据】 《民用建筑供暖通风与空气调节设计规范》GB 50736—2012 第 8.3.2 条。

8.3.2 空气源热泵机组的有效制热量应根据室外空调计算温度，分别采用温度修正系数和融霜修正系数进行修正。

【分析】 将冬季的室外空气计算温度分为供暖和空调两种情况是我国标准与国际标准相比较特殊的一种情况。供暖室外计算温度是将统计期内的历年日平均温度进行升序排列，按历年平均不保证 5d 时间的原则对数据进行筛选计算得到。空调室外计算温度是采用历年平均不保证 1d 的日平均温度。

经过几十年的实践证明，在连续供暖时，采用供暖室外计算温度，室内供暖系统末端装置采用散热器供暖可以保证供暖效果。当采用空调室外计算温度时，势必比供暖室外计算温度下的热负荷大，选择的末端设备装机容量也会增大，此时若采用散热器会导致片数增加。

当室内供暖系统末端装置采用风机盘管时，风机盘管作为一种强制对流的空气处理方式，室内空气蓄热量小（不像散热器或地面辐射供暖方式通过长时间辐射作用，使房间的壁面温度升高而具有一定的蓄热量），室内温度受室外气温波动和供回水温度变化的影响更大，因此对于间歇使用的风机盘管系统，应考虑这一因素所带来的负荷影响，合理选择风机盘管。

4 冷热源

4.0.1【问题】 空气源热泵冷热水机组，设备参数中的制冷量/供热量一般为名义工况下的数值，如何确定机组的有效制冷/供热装机容量？严寒、寒冷地区建筑物采用空气源热泵夏季供冷、冬季供暖时，由于机组冬季制热效率低，当按照冬季工况选用热泵容量时，往往造成热泵机组制冷装机容量与计算冷负荷的比值大于1.1，是否违反相关规范的规定？

【解答】 空气源热泵冷热水机组的有效制冷/供热装机容量应为设计条件下的装机容量，应按照设计工况对设备效率以及当地的冬、夏季室外气象参数进行修正，冬季还要考虑融霜等修正因素。

严寒、寒冷地区建筑采用空气源热泵夏季供冷、冬季供暖时，应按照冬、夏季设计负荷进行配置，当以冬季负荷选择的装机冷量与计算冷负荷的比值偏大时，可以采用调整冬、夏季运行台数或优化运行策略等方式保证机组运行效率，同时需保证空气源热泵冬季设计工况制热性能系数满足《建筑节能与可再生能源利用通用规范》GB 55015—2021 第5.4.3条的要求。

【规范依据】 《建筑节能与可再生能源利用通用规范》GB 55015—2021 第3.2.8条、第5.4.1条。

3.2.8 电动压缩式冷水机组的总装机容量，应按本规范第3.2.1条的规定计算的空调冷负荷值直接选定，不得另作附加。在设计条件下，当机组的规格不符合计算冷负荷的要求时，所选择机组的总装机容量与计算冷负荷的比值不得大于1.1。

5.4.1 空气源热泵机组的有效制热量，应根据室外温、湿度及结、除霜工况对制热性能进行修正。采用空气源多联式热泵机组时，还需根据室内、外之间的连接管长和高差修正。

《蒸气压缩循环冷水（热泵）机组 第1部分：工业或商业用及类似用途的冷水（热泵）机组》GB/T 18430.1—2007 第4.3.2.1条。

4.3.2.1 名义工况

机组的名义工况见表2。

表2 名义工况时的温度/流量条件

项目	使用侧		热源侧（或放热侧）					
	冷、热水		水冷式		风冷式		蒸发冷却式	
	水流量 [m²/(h·kW)]	出口水温/℃	进口水温/℃	水流量/ m²/(h·kW)	干球温度	湿球温度	干球温度	湿球温度
					℃		℃	
制冷	0.172	7	30	0.215	35	—	—	24
热泵制热		45	15	0.314	7	6		

【分析】 空气源热泵机组给出的名义制冷/制热量，是在室外空气标准工况（冬季：室外空气干球温度7℃、湿球温度6℃；夏季室外空气干球温度35℃）下测试的，但实际使用工况往往与标准工况不同。同时，热泵机组在冬季运行时需要除霜，因此需要考虑室外温度、湿度和机组本身融霜特性的影响，对机组名义制冷/制热量进行修正，从而保证空气源热泵机组有效制冷/制热量满足设计要求。

设计工况下的实际有效制冷/制热量可按下式计算：

$$Q = q \times K_1 \times K_2$$

式中　Q——机组设计工况下的制冷/制热量，kW；

q——机组标准工况下的制冷/制热量，kW；

K_1——室外空气调节干球温度的修正系数，按产品样本选取；

K_2——机组融霜修正系数，取值范围为 0.8～0.9，K_2 仅用于冬季制热量计算。

对于机组融霜修正系数的取值，以往通常每小时融霜 1 次取 0.9，每小时融霜 2 次取 0.8，以防止造成融霜系数选取偏大或不符合当地实际情况。现在机组都采用智能除霜技术，根据环境温度、蒸发温度和运行时间综合判断是否除霜；并且同一模块不同系统间、不同模块间可以轮换除霜，相当于降低了除霜时间，减少了机组制热波动。合理的除霜系数应按厂家的技术手册选取。

按照修正后的有效制热量选择机组时，可能会导致机组夏季的制冷量大于计算冷负荷的 1.1 倍，《建筑节能与可再生能源利用通用规范》GB 55015—2021 第 3.2.8 条主要针对的是电动压缩式冷水机组（即单冷冷水机组）的情况，对于空气源热泵机组需要同时满足制冷和供热需求，不适于此条文。设计人员应在设计说明中明确运行策略，说明夏季机组运行状况等，以保证机组在经济合理的状况下运行。

在冬季寒冷、潮湿的地区使用空气源热泵必须考虑机组的经济性和可靠性。室外温度过低会降低机组制热量，室外空气潮湿会使融霜时间过长，同样会降低机组有效制热量，因此设计时应计算冬季设计状态下空气源热泵机组的 COP，当不具备节能优势时不应采用。

4.0.2【问题】　空气源热泵机组循环水泵流量如何选择？

【解答】　空气源热泵机组循环水泵流量应根据设计负荷和设计温差计算。且根据空气源热泵机组的规模，一台或几台空气源热泵机组一组配一套可变频水泵。

【规范依据】　无。

【分析】　空气源热泵机组循环水泵流量应按下式计算：

$$G = 3.6 \frac{Q}{c \times \Delta t}$$

式中　G——循环水泵设计流量，t/h；

Q——冷/热负荷，kW；

c——水的比热容，kJ/(kg·℃)；

Δt——供回水设计温差，℃。

其中冷、热负荷分别按照夏季、冬季设计负荷选取。

空气源热泵机组通常在部分负荷下运行，设计人员可以通过水泵变频措施或压差旁通解决空气源热泵机组与末端系统的匹配问题，同时还应保证空气源热泵机组高效运行。

4.0.3【问题】 集中式空调热交换系统：一次侧与二次侧的设计温差差别过大时（如：一次侧 130℃/70℃、二次侧 50℃/40℃），如何解决和优化换热器一次侧、二次侧的压力损失差异，同时提高换热器的换热效率？

【解答】 集中供暖系统、空调系统的水—水热交换设备通常采用板式换热器。当一次侧与二次侧的设计温差差别过大时，推荐在二次（小温差、大流量）侧增设流量旁通装置，调节一次侧与二次侧的水流量比，通过换热面积和阻力计算，优化确定合理的传热系数（换热面积）和阻力损失。

【规范依据】 无。

【分析】 板式换热器传热系数一般为 2500～5000W/（m²·K），最高可达 7000W/（m²·K），工程中推荐采用 2900～4600W/（m²·K）。实际工程选择的板式换热器，传热系数常常仅在 2500W/（m²·K）左右，没有发挥出板式换热器高效节能的优势。

一次侧与二次侧的设计温差差别过大时，往往造成一次侧与二次侧水阻力损失差异过大、换热器传热系数不高、换热器配置面积过大的现象。其原因与板式换热器的物理结构有关系，板式换热器有不同的板片或波纹形式。通常一次侧、二次侧的介质流道是等截面的，因此尽可能使一次侧、二次侧对流换热系数相同或接近，才能得到最佳的传热效果。同时，等截面的特点使其一次侧、二次侧的阻力损失也相同或接近。反之，一次侧、二次水侧的设计温差差别过大时（如：一次侧 130℃/70℃、二次侧 50℃/40℃），按传统的设计方式接管，一次侧、二次侧水流量会有较大差异（流量比为 1∶6）。

流道阻力损失与介质流速的平方成正比，为控制大流量侧阻力过大的问题，势必造成小流量侧流速过小，使选择的换热器面积过大，一次侧、二次侧阻力差异大，整体传热系数过小。解决方法是：在小温差、大流量侧增设流量旁通装置，改变二次侧通过换热器的流量，提高传热系数，合理调整阻力损失，达到提高传热系数、降低换热面积、合理控制阻力损失的目的。

设计时，换热器中的水流速不宜超过 2.5m/s（避免系统阻力过大），板式换热器推荐流速为 0.3～0.8m/s，阻力损失为 0.04～0.08MPa。

4.0.4【问题】 空气源热泵机组仅作为冬季供暖热源，末端系统为散热器时，供回水温差能否取 10℃？

【解答】 空气源热泵机组仅作为冬季供暖热源，末端系统为散热器时，供回水温差可以取 10℃。

【规范依据】 无。

【分析】 目前，很多欧洲国家开始采用 60℃ 以下的低温热水供暖。我国在城市供热系统的水温梯级利用方面也提倡低温连续供热，散热器开始使用 60℃ 以下的低温热水。因此，空气源热泵机组作为散热器供暖热源也是可行的。空气源热泵机组的厂家可以根据散热器供暖系统的要求，生产出水温度为 60℃、供回水温差为 8～10℃ 的空气源热泵机组。设计人员在选用散热器时应采用供回水温差为 8～10℃ 时的散热器热工性能，按照相应参数进行修正选型。

4.0.5【问题】 《民用建筑供暖通风与空气调节设计规范》GB 50736—2012 第 8.11.3 条第 3 款要求在换热站设计时，一台换热器停止工作，剩余换热器供热量不应低于设计供热量的 65%（寒冷地区）和 70%（严寒地区）。换热器增大后水泵选型是否也相应增大？计算集中供暖系统耗电输热比 EHR-h 时，若选用两台板式换热器，每台板式换热器按总负荷的 65% 选用，并选用适用的循环水泵，$\sum Q$ 与 $\sum G \cdot H$ 如何考虑？

【解答】 按照实际设计供热量选取水泵；根据设计工况的集中供暖系统计算耗电输热比 EHR-h。

【规范依据】 《公共建筑节能设计标准》GB 50189—2015 第 4.3.3 条。

4.3.3 在选配集中供暖系统的循环水泵时，应计算集中供暖系统耗电输热比（EHR-h），并应标注在施工图的设计说明中。集中供暖系统耗电输热比应按下式计算：

$$EHR\text{-}h = 0.003096 \sum (G \times H / \eta_b)/Q \leqslant A(B + \alpha \sum L)/\Delta T \tag{4.3.3}$$

式中　EHR-h——集中供暖系统耗电输热比；

　　　G——每台运行水泵的设计流量（m³/h）；

　　　H——每台运行水泵对应的设计扬程（mH₂O）；

　　　η_b——每台运行水泵对应的设计工作点效率；

　　　Q——设计热负荷（kW）；

　　　ΔT——设计供回水温差（℃）；

　　　A——与水泵流量有关的计算系数，按本标准表 4.3.9-2 选取；

　　　B——与机房及用户的水阻力有关的计算系数，一级泵系统时 B 取 17，二级泵系统时 B 取 21；

　　　$\sum L$——热力站至供暖末端（散热器或辐射供暖分集水器）供回水管道的总长度（m）；

　　　α——与 $\sum L$ 有关的计算系数；

当 $\sum L \leqslant 400$m 时，$\alpha = 0.0115$；

当 400m $< \sum L < 1000$m 时，$\alpha = 0.003833 + 3.067/\sum L$；

当 $\sum L \geqslant 1000$m 时，$\alpha = 0.0069$。

【分析】 计算集中供暖系统耗电输热比（EHR-h）的目的是选取高效的循环水泵，按照设计工况条件计算，不考虑调节运行工况。

计算 EHR-h 时，$\sum Q$ 按照设计值选取。运行水泵对应的设计工作点效率 η_b，为水泵性能曲线与设计系统管道阻力曲线交点的效率。设计人员在计算时应按照所选用设备的生产厂家提供的水泵性能曲线及水系统管道阻力计算选取。

对于水系统的运行调节,可考虑采用变频水泵、多规格水泵组合等措施。

4.0.6【问题】 燃气采暖热水炉或燃气壁挂炉,是否可以不执行《锅炉房设计标准》GB 50041—2020 对锅炉房位置的设计要求?

【解答】 燃气采暖热水炉或燃气壁挂炉不需要执行《锅炉房设计标准》GB 50041—2020 和《建筑防火通用规范》GB 55037—2022 对锅炉房位置的设计要求。

【规范依据】 《燃气采暖热水炉》GB 25034—2020 第 1 章。

1 范围

......

本标准适用于额定热负荷小于 100kW,最大采暖工作水压不大于 0.6MPa,工作时水温不大于 95℃,采用大气式或全预混式燃烧的采暖炉......

《城镇燃气工程基本术语标准》GB/T 50680—2012 第 10.2.36 条。

10.2.36 燃气壁挂炉 wall-mounted gas heater

以燃气为热源,固定安装在墙壁上,功率小于等于 70kW,制备热水用于生活及采暖的燃具。

《锅炉房设计标准》GB 50041—2020 第 1.0.2 条第 2 款。

1.0.2 本标准适用于下列范围内的工业、民用、区域锅炉房及其室外热力管道设计:

2 热水锅炉锅炉房,其单台锅炉额定热功率为 0.7MW～174MW,额定出口水压为 0.10MPa(表压)～2.50MPa(表压),额定出口水温小于或等于 180℃。

【分析】 《锅炉房设计标准》GB 50041—2020 规定的锅炉为单台锅炉额定热功率为 0.7～174MW;而燃气采暖热水炉的额定热负荷小于 100kW,燃气壁挂炉额定功率不超过 70kW,因此不需要执行针对锅炉的相关要求。燃气采暖热水炉或燃气壁挂炉的设计应按《建筑防火通用规范》GB 55037—2022 和其他现行规范的相关规定进行设计。

5 消声与绝热

5.1 消声与隔振

5.1.1【问题】 如何确定所选设备噪声传到有人房间的噪声值? 所有设备均需要消声处理吗?

【解答】 设计所选设备噪声传到有人房间的噪声,应根据设备声源噪声的频谱特点、风道内各种附件的噪声衰减及其产生的空气气流附加噪声、空调通风风道上的消声措施,通过计算确定。

当所选设备的噪声小于房间允许噪声时,所选设备不需要消声处理;只有所选设备噪声传到有人房间的噪声值大于房间允许噪声时,所选设备才需要消声处理。

【规范依据】 《建筑环境通用规范》GB 55016—2021 第 2.1.4 条、第 2.1.5 条、第 2.2.7 条。

2.1.4 建筑物内部建筑设备传播至主要功能房间室内的噪声限值应符合下列规定。

表 2.1.4 建筑物内部建筑设备传播至主要功能房间室内的噪声限值

房间的使用功能	噪声限值(等效声级 $L_{Aeq,T}$,dB)
睡眠	33
日常生活	40
阅读、自学、思考	40
教学、医疗、办公、会议	45
人员密集的公共空间	55

2.1.5 主要功能房间室内的 Z 振级限值及适用条件应符合下列规定:

1 主要功能房间室内的 Z 振级限值应符合表 2.1.5 的规定;

表 2.1.5 主要功能房间室内的 Z 振级限值

房间的使用功能	Z 振级 VL_Z (dB)	
	昼间	夜间
睡眠	78	75
日常生活	78	

2 昼间时段应为 6:00～22:00 时,夜间时段应为 22:00～次日 6:00 时。当昼间、夜间的划分当地另有规定时,应按其规定。

2.2.7 当通风空调系统送风口、回风口辐射的噪声超过所处环境的室内噪声限值,或相邻房间通过风管传声导致隔声达不到标准时,应采取消声措施。

《民用建筑供暖通风与空气调节设计规范》GB 50736—2012 第 10.2.3 条、第 10.2.4 条。

10.2.3 通风与空调系统产生的噪声,当自然衰减不能达到允许噪声标准时,应设置消声设备或采取其他消声措施。系统所需的消声量,应通过计算确定。

10.2.4 选择消声设备时，应根据系统所需消声量、噪声源频率特性和消声设备的声学性能及空气动力特性等因素，经技术经济比较确定。

《工业建筑供暖通风与空气调节设计规范》GB 50019—2015第12.2.3条、第12.2.4条。

12.2.3 通风与空气调节系统产生的噪声，当自然衰减不能达到允许噪声标准时，应设置消声设备或采取其他消声措施。系统所需的消声量应通过计算确定。

12.2.4 选择消声设备时，应根据系统所需要的消声量、噪声源频率特性和消声设备的声学性能及空气动力特性等因素，经技术经济比较确定。

【分析】 通风机、水泵、制冷机等设备的噪声包括空气动力噪声和机械噪声两部分，其中通风机以空气动力噪声为主。机械噪声有轴承噪声和旋转件不平衡引起的噪声。当经噪声计算或实测有人房间的噪声超过允许值时，应进行消声和降噪处理。风机传动方式应优选直联式，风机布置时应保持风机入口气流均匀，风机进、出口的管道不得采用急弯。风管内气流应稳定、顺畅，风管断面气流速度应均匀，避免突然变径和改变方向。冷水机组、水泵、空调机组等振动较大的设备应合理选用减振台座或减振器，通过隔振设计来降低其产生的噪声干扰。对于有些设备或机房噪声，可能需要采用吸声、消声、隔声与隔振等综合降噪处理才能达到降低噪声的目的。

5.1.2【问题】 屋面及楼层设有暖通空调振动设备时，如何采取减振措施?

【解答】 屋面及楼层设有暖通空调振动设备时，应根据振动设备选择减振措施，可采用阻尼减振器、橡胶减振垫、浮筑楼板等单一或组合减振方式。对振动设备连接管线采取隔振措施。设备或设施的隔振设计以及隔振器、阻尼器的配置，应经隔振计算后制定和选配。

【规范依据】 《建筑环境通用规范》GB 55016—2021第2.3.3条、第2.3.4条、第2.3.5条。

2.3.3 对建筑物内部产生噪声与振动的设备或设施，当其正常运行对噪声、振动敏感房间产生干扰时，应对其基础及连接管线采取隔振措施，并应符合本规范表2.1.4和表2.1.5的规定。

2.3.4 对建筑物外部具有共同基础并产生噪声与振动的室外设备或设施，当其正常运行对噪声、振动敏感房间产生干扰时，应对其基础及连接管线采取隔振措施，并应符合本规范表2.1.3和表2.1.5的规定。

2.3.5 设备或设施的隔振设计以及隔振器、阻尼器的配置，应经隔振计算后制定和选配。

《民用建筑供暖通风与空气调节设计规范》GB 50736—2012第10.3.1条、第10.3.2条。

10.3.1 当通风、空调、制冷装置以及水泵等设备的振动靠自然衰减不能达标时，应设置隔振器或采取其他隔振措施。

10.3.2 对不带有隔振装置的设备，当其转速小于或等于1500r/min时，宜选用弹簧隔振器；转速大于 1500r/min 时，根据环境需求和设备振动的大小，亦可选用橡胶等弹性材料的隔振垫块或橡胶隔振器。

《工业建筑供暖通风与空气调节设计规范》GB 50019—2015 第 12.3.1 条、第 12.3.2 条。

12.3.1 当通风、空气调节、制冷装置以及水泵等设备的振动靠自然衰减不能达标时，应设置隔振器或采取其他隔振措施。

12.3.2 对本身不带有隔振装置的设备，当其转速小于或等于 1500r/min 时，宜选用弹簧隔振器；转速大于 1500r/min 时，可选用橡胶等弹性材料的隔振垫块或橡胶隔振器。

【分析】 空调、制冷设备运行时的振动会传递给基础，它以弹性波的形式沿建筑结构传到所有与机房毗邻的房间中，并以空气噪声的形式被人所感受。切断、降低影响建筑室内声环境的各种振动源通过建筑、结构振动传递的途径，避免室内振动以及固体传声引发室内噪声超标。因此，需对振动传递的所有途径采取隔振措施方能达到室内噪声限值规定及功能使用要求。制定隔振方案时，需同时考虑环境振动、背景噪声及建筑配套设备、设施的振动、噪声影响，隔振设计方案必须根据隔振降噪目标以及设备转速、荷载、运行方式等经隔振计算制定，方能保证隔振措施安全、有效。隔振器的具体设计，根据相关规范、技术措施及设计手册确定。

噪声敏感房间指卧室、起居室、客房、阅览室、教室、病房、诊室、办公室、会议室（厅）、观众厅、录音室等需要保持安静的房间。振动敏感房间指卧室、起居室、客房、阅览室、教室、病房、诊室、办公室、会议室等振动环境要求较高的房间。

5.1.3【问题】 在施工图设计中，各房间噪声标准应该怎么取值？

【解答】 在施工图设计中，建筑物主要功能房间室内的噪声限值应执行《建筑环境通用规范》GB 55016—2021 第 2.1.3 条。《建筑环境通用规范》未明确规定的其他各类房间室内的噪声限值执行现行国家标准《民用建筑隔声设计规范》GB 50118 的相关规定。

【规范依据】 《建筑环境通用规范》GB 55016—2021 第 2.1.3 条。

2.1.3 建筑物外部噪声源传播至主要功能房间室内的噪声限值及适用条件应符合下列规定：

1 建筑物外部噪声源传播至主要功能房间室内的噪声限值应符合表 2.1.3 的规定；

表 2.1.3 主要功能房间室内的噪声限值

房间的使用功能	噪声限值（等效声级 $L_{Aeq,T}$，dB）	
	昼间	夜间
睡眠	40	30
日常生活	40	
阅读、自学、思考	35	
教学、医疗、办公、会议	40	

注：1 当建筑位于 2 类、3 类、4 类声环境功能区时，噪声限值可放宽 5dB；
　　2 夜间噪声限值应为夜间 8h 连续测得的等效声级 $L_{Aeq,8h}$；
　　3 当 1h 等效声级 $L_{Aeq,1h}$ 能代表整个时段噪声水平时，测量时段可为 1h。

2 噪声限值应为关闭门窗状态下的限值；

3 昼间时段应为 6：00～22：00 时，夜间时段应为 22：00～次日 6：00 时。当昼间、夜间的划分当地另有规定时，应按其规定。

【分析】 室内噪声限值是消声设计的重要依据。因此由供暖、通风和空调系统设备产生的噪声传播至使用房间的噪声级，应满足现行标准的要求。

5.1.4【问题】 通风、空调系统通向室外的风管是否需要考虑消声措施？

【解答】 通风、空调系统通向室外的风管应根据通风、空调设备所接风口辐射的噪声是否超过环境要求的噪声水平来确定是否需要安装消声措施。

【规范依据】 《建筑环境通用规范》GB 55016—2021 第 2.1.2 条、第 2.1.3 条（见本书 5.1.3）、第 2.2.7 条。

2.1.2 噪声与振动敏感建筑在 2 类或 3 类或 4 类声环境功能区时，应在建筑设计前对建筑所处位置的环境噪声、环境振动调查与测定。声环境功能区分类应符合本规范附录 A 的规定。

2.2.7 当通风空调系统送风口、回风口辐射的噪声超过所处环境的室内噪声限值，或相邻房间通过风管传声导致隔声达不到标准时，应采取消声措施。

【分析】 空调、新风、排风系统等通向室外的风管与室外相通，都有可能对建筑室外的声环境产生影响，需要考虑连通室外处产生的噪声值是否满足国家规范的相关要求，进而考虑消声措施。

根据设备声源噪声的频谱特点、风道内各种附件的噪声衰减及其产生的空气气流附加噪声、空调通风风道上的消声措施，通过计算确定。当计算的噪声值小于《建筑环境通用规范》GB 55016—2021 第 2.1.3 条规定的噪声限值时，可不进行消声处理；当计算的噪声值大于噪声限值时，应采取措施进行消声处理。

5.2 绝热与防腐

5.2.1【问题】 《建筑防火设计规范（2018 年版）》GB 50016—2014 要求设备和风管的绝热材料、用于加湿器的加湿材料、消声材料及其胶粘剂，宜采用不燃材料，确有困难时，可采用难燃材料。 如何理解"确有困难"？

【解答】 规范中的"确有困难"是指设备构成及生产按现有技术条件不支持不燃材料、现场安装存在困难或其他因素。

【规范依据】 《建筑防火设计规范（2018 年版）》GB 50016—2014 第 9.3.15 条。

9.3.15 设备和风管的绝热材料、用于加湿器的加湿材料、消声材料及其粘结剂，宜采用不燃材料，确有困难时，可采用难燃材料。

风管内设置电加热器时，电加热器的开关应与风机的启停联锁控制。电加热器前后各0.8m范围内的风管和穿过有高温、火源等容易起火房间的风管，均应采用不燃材料。

【分析】 目前设计常见的设备和风管绝热材料有离心玻璃棉、柔性泡沫橡塑等，柔性泡沫橡塑属难燃B1级，但其安装方便、施工快捷、性价比较高，在工程中得到广泛应用；工程中常用的湿膜加湿器，加湿材料形式多样，一般有有机膜、无机玻璃纤维膜、金属膜、高分子膜以及陶瓷膜等，在设计时应对加湿材料进行燃烧性能的限制，在保证加湿能力的条件下，尽量选择不燃材料。消声材料主要有岩棉、玻璃棉、金属和非金属发泡材料等，其中玻璃棉在声学性能、加工特性、成本以及市场普及程度等方面都表现较好，是消声材料的首选。胶粘剂主要用于复合风管的粘接，由于生产技术限制，目前一般为树脂水基胶，为难燃材料。

5.2.2【问题】 《建筑与市政工程抗震通用规范》GB 55002—2021 要求在穿管的墙体或基础上设置套管，穿管与套管之间的缝隙应采用柔性防腐、防水材料密封。现行国家建筑标准设计图集中穿越墙体的柔性防水套管做法能否满足该条文有关防腐的规定？

【解答】 《管道穿墙、屋面套管》18R409 中穿越墙体的柔性防水套管的柔性填料大多采用沥青麻丝、聚苯乙烯板、聚氯乙烯泡沫塑料板或膨胀止水条，均为防腐、防水材料，满足规范的防腐要求。

【规范依据】 《建筑与市政工程抗震通用规范》GB 55002—2021 第 6.2.9 条。

6.2.9 城镇给水排水和燃气热力工程中，管道穿过建（构）筑物的墙体或基础时，应符合下列规定：

1 在穿管的墙体或基础上应设置套管，穿管与套管之间的间隙应用柔性防腐、防水材料密封。

2 当穿越的管道与墙体或基础嵌固时，应在穿越的管道上就近设置柔性连接装置。

【分析】 《管道穿墙、屋面套管》18R409 中柔性防水套管的柔性填料采用沥青麻丝、聚苯乙烯板或聚氯乙烯泡沫塑料板，保温管道柔性防水套管装置中充填膨胀止水条，均为防腐、防水材料。此外，设计时还应注意，当管道穿过防火墙时，应采用防火封堵材料将墙与管道之间的空隙紧密填实，穿过防火墙处的管道保温材料，应采用不燃材料；当管道材料为难燃及可燃材料时，应在防火墙两侧的管道上采取防火措施。随着通用规范的陆续出台，随之而来的是相关国家建筑标准设计图集的更新，设计人员应密切关注其更新动态。

6 绿色建筑与节能

6.1 绿色建筑

6.1.1【问题】 《绿色建筑评价标准（2024 年版）》GB/T 50378—2019 表 3.2.8 中要求室内主要空气污染物浓度降低比例分别为 10%、20%，其表注中说明室内主要空气污染物浓度降低基准为现行国家标准《室内空气质量标准》GB/T 18883 的有关要求；而 2022 年 4 月 1 日实施的《建筑环境通用规范》GB 55016—2021 对室内主要空气污染物浓度要求部分指标在《室内空气质量标准》GB/T 18883 的基础上降低的幅度超过了 20%。那么在评定时，是否可以仍然执行《室内空气质量标准》GB/T 18883。

【解答】 按《室内空气质量标准》GB/T 18883 的有关要求执行。

【规范依据】 无。

【分析】 《建筑环境通用规范》GB 55016—2021 对工程竣工验收时，室内空气污染物浓度限量做出规定，即建筑竣工时，室内还没有活动家具及人员生活时的室内污染物浓度限量；《室内空气质量标准》GB/T 18883 中空气污染物浓度为室内空气质量标准，其中甲醛、苯、氨、甲苯、二甲苯等污染物等限值包含装饰装修材料、活动家具以及生活工作过程等产生的污染。《建筑环境通用规范》GB 55016—2021 中的室内空气污染物浓度限量相当于为房屋使用后活动家具等进入预留了适当的净空间。《绿色建筑评价标准（2024 年版）》GB/T 50378—2019 要求的是室内空气质量标准，故执行《室内空气质量标准》GB/T 18883 的有关规定。

6.1.2【问题】 厂区内的民用建筑是否执行《绿色建筑评价标准（2024 年版）》GB/T 50378—2019？

【解答】 厂区内的民用建筑执行《绿色建筑评价标准（2024 年版）》GB/T 50378—2019。

【规范依据】 《绿色工业建筑评价标准》GB/T 50878—2013 第 1.0.2 条。

1.0.2 本标准适用于新建、扩建、改建、迁建、恢复的建设工业建筑和既有工业建筑的各行业工厂或工业建筑群中的主要生产厂房、各类辅助生产建筑。

《绿色建筑评价标准（2024 年版）》GB/T 50378—2019 第 1.0.2 条。

1.0.2 本标准适用于民用建筑绿色性能的评价。

【分析】 《绿色工业建筑评价标准》GB/T 50878—2013 将为生产人员生活所需建造的建筑物，如职工食堂、倒班宿舍、文化娱乐建筑等功能建筑列为"非生产性和非辅助生产性建筑"，不属于其评价范围，以上建筑使用性质属于民用建筑，进行绿色建筑评价时应执行《绿色建筑评价标准（2024 年版）》GB/T 50378—2019。

6.1.3【问题】 《绿色建筑评价标准（2024年版）》GB/T 50378—2019 第4.2.7条1款规定：使用耐腐蚀、抗老化、耐久性好的管材、管线、管件，得5分。 如果供暖空调系统管道采用了不锈钢管、铜管、塑料管道3种材料以外的管材是否就不能得分？ 该标准第4.2.7条2款规定：活动配件选用长寿命产品，并考虑部品组合的同寿命性；不同使用寿命的部品组合时，采用便于分别拆换、更新和升级的构造，得5分。 若施工图设计说明或设备材料明细表中明确暖通空调系统所选用阀门寿命超出相应产品标准寿命要求的1.5倍，暖通空调专业是否可视作满足得分要求？

【解答】 采用的产品符合国家现行有关产品标准的规定，或列入全国或当地建设领域推广应用及限制禁止使用技术目录的，或列入全国建设行业科技成果推广项目的，即可得分。暖通空调专业施工图设计说明或设备材料明细表中明确所选用阀门寿命超出相应产品标准寿命要求的1.5倍，暖通空调专业视作满足得分要求。

【规范依据】 《绿色建筑评价标准（2024年版）》GB/T 50378—2019 第4.2.7条。

4.2.7 采取提升建筑部品部件耐久性的措施，评价总分值为10分，并按下列规则分别评分并累计：

1 使用耐腐蚀、抗老化、耐久性能好的管材、管线、管件，得5分；

2 活动配件选用长寿命产品，并考虑部品组合的同寿命性；不同使用寿命的部品组合时，采用便于分别拆换、更新和升级的构造，得5分。

【分析】 暖通空调系统管道的材质根据其工作温度、工作压力、使用寿命、施工与环保性能等因素，经综合考虑和技术经济比较后确定，其质量在符合国家现行有关产品标准规定的情况下是能够满足安全耐久要求的。

在设计阶段需对选用的活动配件明确提出选型要求。倡导建设过程采用长寿命的优质产品，且构造上易于更换，便于维护，从而提高建筑质量。

6.1.4【问题】 《绿色建筑评价标准（2024年版）》GB/T 50378—2019 第5.1.6条要求应采取措施保障室内热环境。 夏热冬冷地区的商业建筑不设计暖通空调系统是否满足该标准5.1.6条的要求？

【解答】 夏热冬冷地区的商业建筑设置暖通空调系统才能满足《绿色建筑评价标准（2024年版）》GB/T 50378—2019 第5.1.6条的要求；如果采用非集中供暖空调系统，应预留冷热源及室内供冷、供暖系统安装条件。

【规范依据】 《绿色建筑评价标准（2024年版）》GB/T 50378—2019 第5.1.6条。

5.1.6 应采取措施保障室内热环境。采用集中供暖空调系统的建筑，房间内的温度、湿度、新风量等设计参数应符合现行国家标准《民用建筑供暖通风与空气调节设计规范》GB 50736 的有关规定；采用非集中供暖空调系统的建筑，应具有保障室内热环境的措施或预留条件。

【分析】 在夏热冬冷地区，仅靠被动措施很难达到室内热舒适度要求，故需设供暖空调系统才能保障室内热环境。商业建筑设集中供暖空调系统（包括多联机空调系统）时，如果不设计到位，无法控制后期购置、施工安装等措施的落实，一旦完成后就无法更改，造成项目无法达到绿色建筑等级标准甚至违反了本地区相关政策的规定。采用分体空调系统时，可预留设计安装条件，设计图纸中应对室内设计参数及采用的供暖空调设备能效等级提出要求。

6.1.5【问题】 《绿色建筑评价标准（2024 年版）》GB/T 50378—2019 第 5.1.9 条规定：地下车库应设置与排风设备联动的一氧化碳浓度监测装置。 对于检测装置安装位置和安装数量有无要求？

【解答】 住宅建筑应在地下车库每个防烟分区至少设置 1 个一氧化碳传感器，公共建筑宜按每 $300\sim500m^2$ 设置 1 个一氧化碳传感器。一氧化碳传感器应安装在靠近人员活动区的上部，距地面 $2.0\sim2.2m$ 高的位置，不应设置在汽车尾气直接喷到的地方，同时尽量避免送、排风口附近气流直吹的位置。

【规范依据】 无。

【分析】 地下车库中的一氧化碳主要来源于汽车发动机，当发动机怠速运行时，由于汽油燃烧不充分，会产生大量含有一氧化碳的尾气。地下车库属于相对比较密闭的环境，如果空气流通不畅，大量一氧化碳聚集，会对人员健康造成影响，甚至危及生命。出于安全考虑，需及时排出有害气体，且避免排风频率过高导致的能源浪费，设置与排风设备联动的一氧化碳浓度监测装置是可靠有效的手段。一氧化碳传感器一般安装在行车道附近，采取抽样检测的方式进行工作，其安装位置应考虑气体相对密度、检测代表性、安装方便性等因素。

暖通空调施工图中应提出设计要求，完成平面布点并提出控制要求；电气或智能化施工图中应完成设备布线及控制系统图。

6.1.6【问题】 对于《绿色建筑评价标准（2024 年版）》GB/T 50378—2019 第 7.2.4 条 2 款中的"建筑供暖空调负荷降低"，在评审的时候应该怎么理解？

【解答】 采用专业的能耗计算软件进行模拟计算，计算结果按相应的星级达标即可。

【规范依据】 《绿色建筑评价标准（2024 年版）》GB/T 50378—2019 第 7.2.4 条第 2 款。

7.2.4 优化建筑围护结构的热工性能，评价总分值为 10 分，并按下列规则评分：

2 建筑供暖空调负荷降低 3%，得 5 分；每再降低 1%，再得 1 分，最高得 10 分。

【分析】 建筑供暖空调负荷降低比例需要采用专门的能耗计算软件进行模拟计算，而非建筑节能权衡判断的计算软件，设计人员、审图人员进行设计或审查时要特别注意。

建筑供暖空调负荷降低比例应按照《民用建筑绿色性能计算标准》JGJ/T 449—2018 第5.2节的规定，通过计算建筑围护结构节能率来判定。建筑围护结构节能率是指与参照建筑相比，设计建筑通过围护结构热工性能改善而使全年供暖空调能耗降低的百分数。值得注意的是，这里提到的建筑供暖空调负荷应计算建筑供暖空调的全年负荷，即由建筑围护结构传热和太阳辐射所形成的、需要供暖空调系统提供的全年总热量和总冷量。

6.2 节能设计

6.2.1【问题】 "标准厂房"中未做设计或预留了供暖空调系统，而辅助办公区设计了供暖空调系统，如何按《工业建筑节能设计统一标准》GB 51245—2017第3.1.1条进行节能分类（一类还是二类厂房）？

【解答】 此类"标准厂房"应根据所属行业类型和其主要能耗形式进行综合判定。同时应明确以下两点：（1）工业建筑的节能设计类别应以该建筑主用途场所的主要能耗方式决定；（2）二类工业建筑允许有供暖或空调的环境控制方式，但并非本建筑主要能耗方式。

【规范依据】 《工业建筑节能设计统一标准》GB 51245—2017第3.1.1条。

3.1.1 工业建筑节能设计应按表3.1.1进行分类设计。

表 3.1.1 工业建筑节能设计分类

类别	环境控制及能耗方式	建筑节能设计原则
一类工业建筑	供暖、空调	通过围护结构保温和供暖系统节能设计，降低冬季供暖能耗；通过围护结构隔热和空调系统节能设计，降低夏季空调能耗
二类工业建筑	通风	通过自然通风和机械通风系统节能设计，降低通风能耗

【分析】 工业建筑涉及行业较多，不同行业又明显存在不同的特征，在进行节能设计时，将工业建筑分为两类，其类别有可能是指一栋单体建筑或一栋单体建筑的某个部位。代表性行业表示该行业大部分情况属于这类建筑，并不排除该行业个别情况属于另外一类建筑类型。比如，金属冶炼行业大多数属于有强热源或强污染源的情况，但并不排除该行业个别建筑或部位以供暖或空调为主要环境控制方式。

对于一类工业建筑，冬季以供暖能耗为主，夏季以空调能耗为主，通常无强污染源及强热源。代表性行业有计算机、通信和其他电子设备制造业，食品制造业，烟草制品业，仪器仪表制造业，医药制造业，纺织业等。凡是有供暖空调系统能耗的工业建筑，均执行一类工业建筑相关要求。对于二类工业建筑，以通风能耗为主，通常有强污染源或强热源。代表性行业有金属冶炼和压延加工业，石油化工、炼焦和核燃料加工业，化学原料和化学制品制造业，机械制造等。强污染源是指生产过程中散发较多的有害气体、固体或液体颗粒物的源项，要采用专门的通风系统对其进行捕集或稀释才能达到环境卫生的要求。

强热源是指在工业加工过程中，具有生产工艺散发的个体散热源，一般生产工艺散发的余热强度为 20～50W/m³，如热轧厂房。此外，在烧结、锻铸、熔炼等热加工车间，往往具有固定的炉窑、冷却体等高温散热体，从而形成高余热散发，此时余热强度可超过 50W/m³。

二类工业建筑允许有供暖或空调的环境控制方式，只是这些方式不是"标准厂房"的主要能耗方式。如果该建筑的主要用途是工业生产，而其中的民用建筑用途，比如辅助办公区等，只是为工业生产服务，那么工业建筑的节能设计类别应是以建筑主用途场所的主要能耗方式决定。

6.2.2【问题】 《建筑节能与可再生能源利用通用规范》GB 55015—2021 第 3.2.16 条规定，风机效率不应低于现行国家标准《通风机能效限定值及能效等级》GB 19761 规定的通风机能效等级的 2 级。 但现行国家标准《通风机能效限定值及能效等级》GB 19761 不适用于空调用管道型通风机、箱型通风机、无蜗壳离心式通风机及其他用途和特殊结构的通风机（以下简称"无标风机"），上述风机类型是否不受能效等级限制？ 目前生产厂家提供的样本中无压力系数、轮毂比等相关参数，无法计算风机效率，此条在设计审查中应如何把握？

【解答】 不适用《通风机能效限定值及能效等级》GB 19761—2020 的风机类型，设计时不应选用。确因特殊工程要求，必须选用的，应进行论证后方可采用。通风机压比、通风机空气功率、通风机的轴功率、电机输出功率等参数生产厂家可以提供，施工图设计审查应按照规范要求对风机的效率进行审查。

【规范依据】 《建筑节能与可再生能源利用通用规范》GB 55015—2021 第 3.2.16 条。

3.2.16 风机和水泵选型时，风机效率不应低于现行国家标准《通风机能效限定值及能效等级》GB 19761 规定的通风机能效等级的 2 级。循环水泵效率不应低于现行国家标准《清水离心泵能效限定值及节能评价值》GB 19762 规定的节能评价值。

《通风机能效限定值及能效等级》GB 19761—2020 第 1 章。

1 范围

本标准规定了通风机的能效等级、能效限定值及试验方法和技术要求。

本标准适用于一般用途离心通风机、一般用途轴流通风机、工业锅炉用离心引风机、电站锅炉离心式通风机、电站轴流式通风机、暖通空调用离心通风机、前向多翼离心通风机。

本标准不适用于空调用管道型通风机、箱型通风机、无蜗壳离心式通风机及其他用途和特殊结构的通风机。

【分析】 适用于《通风机能效限定值及能效等级》GB 19761—2020 的通风机（以下简称"节能风机"），均有相应的行业标准：《一般用途离心通风机技术条件》JB/T 10563—2006、《一般用途轴流通风机技术条件》JB/T 10562—2006、《工业锅炉用离心引风机》JB/T 4357—2008、《电站锅炉离心式通风机》JB/T 4358—2008、《电站轴流式通风机》JB/T 4362—2011、《暖通空调用离心通风机》JB/T 7221—2017、《前向多翼离心通风机》JB/T 9068—2017。"无标风机"目前均无相应的国家标准、行业标准、团体标准、地方标准。

工程设计中，通风、空调设计选用"节能风机"即可满足工程需要。如果确因特殊工程要求，设计必须选用"无标风机"，在生产厂家提供相应的风机技术参数的前提下，经论证后方可采用，否则不应选用。过往设计中采用的箱型通风机，由于生产厂商不同，箱内置有离心、轴流、斜流风机等，进风、出风方向有多种组合方式及尺寸，导致箱型通风机的效率值无法统一要求、测定，设计时应慎重选用。

"节能风机"均采用国家标准《工业通风机　用标准化风道性能试验》GB/T 1236—2017 进行试验并确定了通风机的压缩性系数、通风机压比、通风机空气功率、通风机的轴功率、电机输出功率等 70 个参数的试验、计算方法。因此，在暖通空调专业设计时与风机需求有关的数据，生产厂家可以提供。设计时应注明相关参数，施工图设计审查时应按照规范要求对风机的效率进行审查。

6.2.3【问题】　《建筑节能与可再生能源利用通用规范》GB 55015—2021 要求系统最小总新风量大于或等于 40000m³/h 时应设集中排风能量热回收。此处的系统最小总新风量是指全楼还是指单一的一个系统？

【解答】　系统最小总新风量是指单体建筑系统设计总新风量。

【规范依据】　《建筑节能与可再生能源利用通用规范》GB 55015—2021 第 3.2.19 条。

3.2.19　严寒和寒冷地区采用集中新风的空调系统时，除排风含有毒有害高污染成分的情况外，当系统设计最小总新风量大于或等于 40000m³/h 时，应设置集中排风能量热回收装置。

【分析】　《建筑节能与可再生能源利用通用规范》第 3.2.19 条的目的是对于严寒和寒冷地区的一定规模以上项目的集中新风系统要求设置排风热回收装置，可以有效降低新风负荷，从而降低空调系统能耗。因此在方案设计阶段，设计人员应考虑合理地将建筑的排风进行能量回收。譬如，对于超高层建筑，围护结构密闭性好，为使室内正压值不要过大，应进行风量平衡计算，设集中新风和排风系统，并设置相应的集中排风能量热回收装置。

此外，严寒和寒冷地区选择热回收方式时，应结合气候条件综合考虑，进行技术经济分析比较，选用转轮、板式、板翅式、热管以及液体循环式等适宜的热回收装置。选用液体循环式热回收装置时，应根据当地冬季的极端温度来确定防冻液的温度，以防盘管冻裂。热回收装置应严格根据新、排风温差确定，对于严寒和寒冷地区夏季，当室外温度较低时，若仍使用热回收装置反而会增大系统的能耗，因此设置新风热回收装置的系统必须设置旁通。

6.2.4【问题】 在计算水泵的耗电输热比时,是否可以选取水泵的铭牌效率?

【解答】 在计算水泵的耗电输热比时不可以选取水泵的铭牌效率。

【规范依据】 《公共建筑节能设计标准》GB 50189—2015 第 4.3.3 条、第 4.3.9 条。

4.3.3 在选配集中供暖系统的循环水泵时,应计算集中供暖系统耗电输热比($EHR\text{-}h$),并应标注在施工图的设计说明中。集中供暖系统耗电输热比应按下式计算:

$$EHR\text{-}h = 0.003096\sum(G \times H/\eta_b)/Q \leqslant A(B+\alpha\sum L)/\Delta T \tag{4.3.3}$$

式中 $EHR\text{-}h$——集中供暖系统耗电输热比;

G——每台运行水泵的设计流量(m^3/h);

H——每台运行水泵对应的设计扬程(mH_2O);

η_b——每台运行水泵对应的设计工作点效率;

Q——设计热负荷(kW);

ΔT——设计供回水温差(℃);

A——与水泵流量有关的计算系数,按本标准表 4.3.9-2 选取;

B——与机房及用户的水阻力有关的计算系数,一级泵系统时 B 取 17,二级泵系统时 B 取 21;

$\sum L$——热力站至供暖末端(散热器或辐射供暖分集水器)供回水管道的总长度(m);

α——与 $\sum L$ 有关的计算系数;

当 $\sum L \leqslant 400\text{m}$ 时,$\alpha=0.0115$;

当 $400\text{m}<\sum L<1000\text{m}$ 时,$\alpha=0.003833+3.067/\sum L$;

当 $\sum L \geqslant 1000\text{m}$ 时,$\alpha=0.0069$。

4.3.9 在选配空调冷(热)水系统的循环水泵时,应计算空调冷(热)水系统耗电输冷(热)比 [$EC(H)R\text{-}a$],并应标注在施工图的设计说明中。空调冷(热)水系统耗电输冷(热)比计算应符合下列规定:

1 空调冷(热)水系统耗电输冷(热)比应按下式计算:

$$EC(H)R\text{-}a=0.003096\sum(G \times H/\eta_b)/Q \leqslant A(B+\alpha\sum L)/\Delta T \tag{4.3.9}$$

式中 $EC(H)R\text{-}a$——空调冷(热)水系统循环水泵的耗电输冷(热)比;

G——每台运行水泵的设计流量(m^3/h);

H——每台运行水泵对应的设计扬程(mH_2O);

η_b——每台运行水泵对应的设计工作点效率;

Q——设计冷(热)负荷(kW);

ΔT——规定的计算供回水温差(℃),按表 4.3.9-1 选取;

A——与水泵流量有关的计算系数,按表 4.3.9-2 选取;

B——与机房及用户的水阻力有关的计算系数,按表 4.3.9-3 选取;

α——与$\sum L$有关的计算系数，按表4.3.9-4或表4.3.9-5选取；

$\sum L$——从冷热机房出口至该系统最远用户供回水管道的总输送长度（m）。

【分析】　水泵的"铭牌效率"和"对应的设计工作点效率"并非同一概念。效率是指水泵的有效功率与轴功率之比的百分数，它标志着水泵能量转换的有效程度，是水泵的重要技术经济指标，用η表示。水泵铭牌上的效率是对应于通过设计流量时的效率，该效率为水泵的最高效率，为了能够准确地计算供暖、空调系统的水泵的耗电输热比，在计算水泵的耗电输热比时，应选取设计工作点所对应的水泵效率作为计算依据。当"设计工作点效率"与"铭牌效率"不吻合时，设计人员应根据水泵生产厂家提供的性能曲线图选用设计工作点所对应的实际效率值作为计算依据。

6.2.5【问题】　厂区、学校、医院、住宅区等设有若干栋单体，但结算对象单一的类似功能场所，由自建冷热源集中供能，或者由市政冷热源通过换热中心集中供能，各单体入口处是否需要设置能量计量装置？是否应按结算点设置能量计量装置？

【解答】　监测建筑能耗以建筑单体为主要对象，因此各单体入口处需要设置能量计量装置。

应按结算点设置能量计量装置。居住小区与市政热力公司进行热量结算，按每户结算时，要求每户设置供热计量装置。公共建筑、学校、幼儿园等通常按整体建筑群进行热量结算，在热力站（换热站）设置热量表作为结算点。

【规范依据】　《建筑节能与可再生能源利用通用规范》GB 55015—2021第3.2.25条。

3.2.25　集中供暖系统热量计量应符合下列规定：

1　锅炉房和换热机房供暖总管上，应设置计量总供热量的热量计量装置；

2　建筑物热力入口处，必须设置热量表，作为该建筑物供热量结算点；

3　居住建筑室内供暖系统应根据设备形式和使用条件设置热量调控和分配装置；

4　用于热量结算的热量计量必须采用热量表。

《工业建筑供暖通风与空气调节设计规范》GB 50019—2015第5.9.1条、第5.9.2条。

5.9.1　集中供暖系统应按能源管理要求设置热量表。

5.9.2　热量表的设置应满足各成本核算单位分摊供暖费用的需要，并应符合下列规定：

1　热源处应设置总热量表；

2　用户端宜按成本核算单位、单体建筑或供暖系统分设热量表；

3　计量装置准确度等级应符合现行国家标准《用能单位能源计量器具配备和管理通则》GB 17167的有关规定。

【分析】　国家和地方的节能标准以及暖通空调专业相关设计标准中，明确规定了居住建筑、公共建筑及工业建筑热计量的要求，并要求设置热计量装置。用户与供热部门协商共同确定热量结算点的位置，以设置热计量装置。从降低建筑能耗的角度来说，监测建筑能耗，研究降耗措施是建筑节能的目标之一，根据《建筑节能与可再生能源利用通用规范》GB 55015—2021 的强制性要求，必须在建筑物热力入口处设置热量表，作为该建筑物供热量结算点。

6.2.6【问题】 建筑碳排放量报告书应体现哪些内容，其深度及质量是否有明确要求？

【解答】 建筑碳排放量报告书应体现依据标准、计算边界、计算方法、数据来源、项目信息和计算结果。计算书的深度及质量应满足下列要求：

1. 计算边界：建筑全寿命期包括建筑物化阶段、建筑使用维护阶段和建筑拆解阶段，其中使用维护阶段的碳排放量为强制要求计算内容，物化阶段和拆解阶段的碳排放量为非强制要求计算内容。

2. 计算方法：建筑碳排放量应按照国家标准《建筑碳排放计算标准》GB/T 51366—2019、陕西省工程建设标准《居住建筑全寿命期碳排放计算标准》DB 61/T 5008—2021 提供的方法和数据进行计算，推荐采用基于这些标准开发的碳排放计算软件计算。

3. 数据来源：碳排放计算报告书中应包含电力供应碳排放因子、能源燃烧碳排放因子、建筑材料碳排放因子、建材运输碳排放因子、施工设施碳排放因子及其来源。

4. 计算结果：建筑碳排放量计算结果应以可视化图形（如柱状图、饼图）方式展示各阶段的碳排放水平，可采用的关键指标有建筑全寿命期或建筑使用维护阶段的"碳排放量（$kgCO_2e$）""碳排放强度（$kgCO_2e/m^2$）""年均碳排放强度 $\left[kgCO_2e/(m^2 \cdot a)\right]$"。

【规范依据】 国家标准《建筑碳排放计算标准》GB/T 51366—2019 全文，陕西省地方标准《居住建筑全寿命期碳排放计算标准》DB 61/T 5008—2021 全文。

【分析】 国家和地方的碳排放计算标准明确规定了建筑全寿命期各阶段的碳排放计算内容和计算方法，为了保证计算结果的科学性和一致性，应按标准中提供的方法和要求进行计算，为了提高计算效率，也可以使用基于该标准的方法和数据开发的工具进行计算。明确建筑碳排放量报告书的内容以及深度要求有助于采用统一标准进行比较识别。

7 防烟排烟与通风空调防火措施

7.1 防烟

7.1.1【问题】 室内地面与室外出入口地坪高差大于 10m 或 3 层及以上的地下防烟楼梯间，如果楼梯间首层出地面采用敞开方式，可否视作满足自然通风条件而不设置加压送风系统？

【解答】 不能视作满足楼梯间自然通风的防烟设置要求，应设置机械加压送风系统。

【规范依据】 《建筑防烟排烟系统技术标准》GB 51251—2017 第 3.2.1 条。

3.2.1 采用自然通风的封闭楼梯间、防烟楼梯间，应在最高部位设置面积不小于 1.0m² 的可开启外窗或开口；当建筑高度大于 10m 时，尚应在楼梯间的外墙上每 5 层内设置总面积不小于 2.0m² 的可开启外窗或开口，且布置间隔不大于 3 层。

【分析】 对于疏散条件相对较好的地下一层、地下二层，地下深度不超过 10m 的楼梯间，其首层有面积足够的外窗或外门，可认为具有较好的自然通风条件，采用自然通风方法排除侵入烟气是可行的。对于建筑高度大于 10m 或 3 层及以上的地下楼梯间，仅在顶部设置开口已无法通过自然通风实现防止烟气积聚于安全区域的作用，因此应设置加压送风系统或增设自然通风天井，满足封闭楼梯间自然通风的要求。同时，此类楼梯间设置加压送风系统时，应与建筑专业配合修改为非敞开方式，即增加局部外墙和疏散门，以确保楼梯间为正压。

7.1.2【问题】 扩大前室的对外疏散门可否计入自然通风面积？建筑高度大于 10m 的楼梯间最高部位设置面积不小于 1.0m² 的可开启外窗是否可以包含在每 5 层内设置总面积不小于 2.0m² 的可开启外窗面积中？

【解答】 建筑采用火灾时有关闭要求的防火门，是无法实现自然通风的，其他火灾时可开启的外门可计入扩大前室或扩大楼梯间的自然通风面积。

建筑高度大于 10m 的楼梯间最高部位设置的不小于 1.0m² 的可开启外窗不应计入每 5 层内设置的可开启外窗总面积内，应在满足每 5 层内设置总面积不小于 2.0m² 的可开启外窗基础上单独设置。

【规范依据】 《建筑防烟排烟系统技术标准》GB 51251—2017 第 3.2.1 条。

3.2.1 采用自然通风方式的封闭楼梯间、防烟楼梯间，应在最高部位设置面积不小于 1.0m² 的可开启外窗或开口；当建筑高度大于 10m 时，尚应在楼梯间的外墙上每 5 层内设置总面积不小于 2.0m² 的可开启外窗或开口，且布置间隔不大于 3 层。

【分析】 扩大前室内火灾时无关闭要求的可开启外门，可通过手动或自动开启，排除侵入烟气，实现防止烟气积聚于安全区域的作用，可计入自然通风面积。

一旦有烟气进入楼梯间不能及时排出，将会给上部人员疏散和消防扑救带来很大的危险。利用烟气的浮力和环境的空气自然对流条件在防烟部位的外墙上部或顶部设置一定面积的可开启外窗可防止烟气的积聚，以保证楼梯间有较好的疏散和救援条件；对于建筑高度大于10m的楼梯间，仅顶部开口已满足不了环境的空气自然对流条件，须在楼梯间的外墙上每5层内设置一定面积的可开启外窗。

对于总高度不大于10m的不靠外墙的楼梯间，除顶部$1.0m^2$可开启外窗外，再设置$2.0m^2$可开启外窗确有困难时，可按顶部$1.0m^2$、其余部位$1.0m^2$的可开启外窗进行设置。

7.1.3【问题】　平时用途为丁、戊类仓库的人防工程是否可以依据《人民防空工程设计防火规范》GB 50098—2009采用密闭防烟措施？

【解答】　附属于民用建筑中平时用途为仓库、储藏等功能的人防工程，不应采用密闭防烟措施。

【规范依据】　《建筑防火通用规范》GB 55037—2022第8.2.5条。

8.2.5　建筑中下列经常有人停留或可燃物较多且无可开启外窗的房间或区域应设置排烟设施：

1　建筑面积大于$50m^2$的房间；

2　房间的建筑面积不大于$50m^2$，总建筑面积大于$200m^2$的区域。

【分析】　对于民用建筑中的仓库或储藏功能空间，因为其不可控因素较多，设计中很难明确储藏物品的火灾危险性分类，即使设计时进行了规定，待建筑建成投入使用后也无法对储藏物品的类型进行严格的约束，所以以民用建筑的仓库或储藏空间往往不能视为丁、戊类库房，不应采用密闭防烟措施，应设置排烟及补风系统。

7.1.4【问题】　《建筑设计防火规范（2018年版）》GB 50016—2014第5.5.14条规定，老年人照料设施内的非消防电梯应采取防烟措施。在候梯厅和疏散走道之间设置挡烟垂壁或普通平开门是否即可认定为设置了防烟措施？

【解答】　在候梯厅与疏散走道之间设置不小于500mm的挡烟垂壁或设置普通平开门可以作为防烟措施。另外，可采取的防烟措施还有：在电梯前设置电梯厅，并采用耐火等级不低于2.00h的防火隔墙和甲级或乙级防火门与其他部位分隔，门可以采用火灾时能与火警等信号联动自动关闭的常开防火门；在电梯厅入口处设置防烟前室等。

【规范依据】　《建筑设计防火规范（2018年版）》GB 50016—2014第5.5.14条。

5.5.14　公共建筑内的客、货电梯宜设置电梯候梯厅，不宜直接设置在营业厅、展览厅、多功能厅等场所内。老年人照料设施内的非消防电梯应采取防烟措施，当火灾情况下需用于辅助人员疏散时，该电梯及其设置应符合本规范有关消防电梯及其设置要求。

【分析】 对于供老年人使用的建筑，其电梯（包括设置老年人照料设施的建筑中与其他场所共用的电梯），如仅电梯层门有耐火要求，难以有效阻止烟气和火势顺电梯竖井蔓延。考虑老年人不仅平时而且火灾时要使用电梯的特点，提高电梯竖井的防烟要求是非常必要的。除设置挡烟垂壁或普通平开门等防烟措施外，在电梯厅内不应开设其他管道或电气竖井的检查门。

7.1.5【问题】 地下楼梯间或前室通过通风采光井自然通风时，通风采光井的净尺寸及百叶面积应如何确定？

【解答】 首先，地下楼梯间或前室设置于通风采光井处的可开启外窗面积应满足《建筑防烟排烟系统技术标准》GB 51251—2017 相关要求；其次，该通风采光井的净面积及通风采光井出地面处设置的百叶有效通风面积均应大于上述标准要求的面积。

【规范依据】 《建筑防烟排烟系统技术标准》GB 51251—2017 第 3.2.1 条。

3.2.1 采用自然通风方式的封闭楼梯间、防烟楼梯间，应在最高部位设置面积不小于 $1.0m^2$ 的可开启外窗或开口；当建筑高度大于 10m 时，尚应在楼梯间的外墙上每 5 层内设置总面积不小于 $2.0m^2$ 的可开启外窗或开口，且布置间隔不大于 3 层。

《消防设施通用规范》GB 55036—2022 第 11.2.3 条。

11.2.3 采用自然通风方式防烟的防烟楼梯间前室、消防电梯前室应具有面积大于或等于 $2.0m^2$ 的可开启外窗或开口，共用前室和合用前室应具有面积大于或等于 $3.0m^2$ 的可开启外窗或开口。

【分析】 采用自然通风方式防烟的楼梯间或前室，其通风开口的面积是影响防烟效果的主要因素，只有保证一定的开口面积才能确保防烟的有效性。通风采光井除保证有效面积满足要求以外，其内壁应光滑、整齐，出地面处设置的百叶应充分考虑百叶窗风口风速及遮挡系数，以保障良好的自然通风条件。

7.1.6【问题】 当医疗建筑和老年人照料设施的避难间采用竖向加压送风系统时，系统的计算风量应按照同时开启所有层正压送风口的风量计算还是按照开启着火层及其上下两层正压送风口的风量计算？

【解答】 医疗建筑和老年人照料设施的避难间，当采用竖向机械加压送风系统时，系统的计算送风量不应小于该系统所服务的全部避难间同时送风的风量。

【规范依据】 《消防设施通用规范》GB 55036—2022 第 11.2.5 条第 1 款。

11.2.5 机械加压送风系统的送风量应满足不同部位的余压值要求。不同部位的余压值应符合下列规定：

1 前室、合用前室、封闭避难层（间）、封闭楼梯间与疏散走道之间的压差应为 25Pa～30Pa。

【分析】 医疗建筑和老年人照料设施的避难间是用来保障其中人员尤其是行动不便者的避难需要且保证其避难安全，必须有较好的安全条件，这与正常人员快速通过前室和楼梯间疏散的情况有所不同，机械加压送风量应能阻止火灾烟气侵入避难间。

考虑医疗建筑和老年人照料设施的功能性要求，设置竖向加压送风系统不宜串联过多楼层，避免以空气传播为途径的疾病交叉感染。

7.1.7【问题】 机械加压送风系统与平时通风系统合用竖井，加压送风系统风机进风处的防火阀是否有必要与加压送风机连锁？

【解答】 机械加压送风系统与平时通风系统合用竖井，加压送风系统风机进风处的防火阀应与加压送风机连锁。

【规范依据】 《建筑防烟排烟系统技术标准》GB 51251—2017 第 3.3.5 条第 1 款。

3.3.5 机械加压送风风机宜采用轴流风机或中、低压离心风机，其设置应符合下列规定：

1 送风机的进风口应直通室外，且应采取防止烟气被吸入的措施。

【分析】 机械加压送风机进风口通常情况下设置在室外安全位置，而在某些特殊情况下，机械加压送风机进风口需通过与平时通风系统合用的风井取风，如果建筑其他区域发生火灾，烟气有可能进入共用风井内。为保证安全，机械加压送风系统风机入口处需设置防火阀，并应与加压送风系统风机连锁。

7.1.8【问题】 防烟排烟系统管道风速是按照设计风量还是计算风量进行计算？是否有必要按照所选风机风量计算？送、排风口尺寸是否需要按设计风量计算？

【解答】 防烟排烟系统管道风速和送、排风口尺寸可按照计算风量进行计算；无须按照所选风机风量计算；但在选择送、排风口尺寸时应充分考虑风口遮挡系数的影响。

【规范依据】 《消防设施通用规范》GB 55036—2022 第 11.1.4 条。

11.1.4 加压送风机和排烟风机的公称风量，在计算风压条件下不应小于计算所需风量的1.2 倍。

【分析】 为保证防烟排烟系统功效，应充分考虑实际工程中由于风管（道）的漏风及风机制造标准中允许风量的偏差等各种风量损耗的影响，设计风量应至少为计算风量的1.2 倍，用于确定防烟排烟风机的额定风量。但在风管和风口的选型计算时可不考虑此类附加。

7.1.9【问题】 避难走道及其前室分别设置加压送风系统时，余压值如何选取？

【解答】 避难走道及其前室分别设置加压送风系统时，避难走道与房间之间的压差应为 40～50Pa，前室与房间之间的压差应为 25～30Pa。

【规范依据】 《消防设施通用规范》GB 55036—2022 第 11.2.5 条。

11.2.5 机械加压送风系统的送风量应满足不同部位的余压值要求。不同部位的余压值应符合下列规定：

1 前室、合用前室、封闭避难层（间）、封闭楼梯间与疏散走道之间的压差应为 25Pa～30Pa；

2 防烟楼梯间与疏散走道之间的压差应为 40Pa～50Pa。

【分析】 避难走道主要用于解决大型建筑中疏散距离过长，或难以按照规范要求设置直通室外的安全出口等问题。避难走道和防烟楼梯间的作用类似，疏散时人员只要进入避难走道，即可视为进入相对安全的区域。确保正压送风系统能够在避难走道与前室、前室与其他房间之间形成一定的压力差或压力梯度，是实现避难走道防烟目标的关键。同时，为了防止防火门两侧压差过大而导致防火门无法正常开启，影响人员疏散和消防人员施救，对系统余压值也进行了相应规定。

7.1.10【问题】 在工程验收时发现地下室楼梯间机械加压送风系统往往风压过大，疏散门无法开启，应如何处理？

【解答】 应更换风机或增加系统阻力，以克服过大的风机风压，如在风机入口处安装对开多叶调节阀，并通过压差检测设置对开多叶调节阀角度，确保压差满足规范要求。

【规范依据】 《建筑防烟排烟系统技术标准》GB 51251—2017 第 5.1.4 条。

5.1.4 机械加压送风系统宜设有测压装置及风压调节措施。

【分析】 机械加压送风系统在防烟部位的余压值，是机械加压送风系统性能和是否发挥作用的一个重要技术指标。当选择送风机后，应校核风机的风量在防烟部位可能形成的正压情况，当正压值大于规范规定和门的开启力要求时，应设置调压装置进行调节。该正压值应保证在加压送风部位围护结构上的门、窗等开口关闭时，足以阻止外部烟气在热压、风压、浮力等联合作用下进入防烟区域，同时不会增加人员开启疏散门的开启力。

造成地下室楼梯间疏散门无法开启的主要原因是设计选择的加压送风机风压过大。因此，地下室楼梯间机械加压送风系统应根据系统的各项阻力、漏风量等，准确计算，合理选择风机的风压。

同时，若不认真计算系统阻力，而利用加压送风机入口的电动阀作为调压装置，通过调整风机入口风量来控制加压送风正压值，在气体流量远离设计流量时，风机偏离设计工况，有产生旋转失速现象的可能，为确保加压送风系统安全可靠运行，不建议采用。通常情况下，设常开加压送风口的系统，进风管上安装常闭电动风阀是为了防止正压送风系统平时不用时形成的自然拔风现象，此阀门火灾时应与加压风机联动开启。

此外，也有人采用在加压送风机出口安装旁通管的方式来解决超压问题，由于旁通泄压量无法确定，开启后，极有可能造成系统无法维持规定的正压，同时，风机突然失去阻力会造成过载而烧毁电机，因此不推荐这种做法。

7.1.11【问题】　避难间设置加压送风时要求设置一定面积的可开启窗，楼梯间加压送风时则要求设固定窗，二者是否矛盾？

【解答】　设置机械加压送风系统并靠外墙或可直通屋面的封闭楼梯间、防烟楼梯间，在楼梯间的顶部或最上一层外墙上设常闭式应急排烟窗（固定窗）；避难区应采取防止火灾烟气进入或积聚的措施与应设置可开启外窗。二者并不矛盾，是考虑了使用的需求。

【规范依据】　《建筑防火通用规范》GB 55037—2022 第 2.2.4 条、第 7.1.15 条第 5 款。

2.2.4　设置机械加压送风系统并靠外墙或可直通屋面的封闭楼梯间、防烟楼梯间，在楼梯间的顶部或最上一层外墙上应设置常闭式应急排烟窗，且该应急排烟窗应具有手动和联动开启功能。

7.1.15　避难层应符合下列规定：

5　避难区应采取防止火灾烟气进入或积聚的措施，并应设置可开启外窗。

【分析】　设置机械加压送风系统的楼梯间设置常闭式应急排烟窗（固定窗）是为了在火灾初期人员疏散时保证楼梯间的正压，在后续灭火救援时可进行破拆，便于及时排出进入楼梯间的火灾烟气及热量。避难层（间）是楼内人员尤其是行动不便者暂时避难、等待救援的安全场所，必须有较好的安全条件，避难层（间）设置可开启外窗，目的是为避难人员提供必需的室外新鲜空气，同时保持避难层（间）的空气对流。此外，采用乙级防火窗，装配有窗扇启闭控制装置，可具备手动开启和关闭功能，也可具有热敏感元件自动关闭功能，可防止火灾烟气对避难间的影响。

7.1.12【问题】　《建筑防烟排烟系统技术标准》GB 51251—2017 第 3.1.3 条第 2 款规定：当独立前室、共用前室及合用前室的机械加压送风口设置在前室的顶部或正对前室入口的墙面时，楼梯间可采用自然通风系统。 此处"机械加压送风口设置在前室顶部"如何理解？ 当前室内有多个门时，顶部送风口是否需要设置在每个门洞上方？"正对前室入口"又该如何理解？

【解答】　机械加压送风口设置在前室顶部是指送风口设于前室入口门的正上方；风口应呈条状布置，形成风幕覆盖前室入口门。

当前室内有多个门时，顶部送风口在每个门洞上方均应设置。

正对前室入口是指机械加压送风口设置在正对前室门洞正面投影内的墙面处。

【规范依据】　《建筑防烟排烟系统技术标准》GB 51251—2017 第 3.1.3 条第 2 款。

3.1.3　建筑高度小于或等于 50m 的公共建筑、工业建筑和建筑高度小于或等于 100m 的住宅建筑，其防烟楼梯间、独立前室、共用前室、合用前室（除共用前室与消防电梯前室合用外）及消防电梯前室应采用自然通风系统；当不能设置自然通风系统时，应采用机械加压送风系统。防烟系统的选择，尚应符合下列规定：

2　当独立前室、共用前室及合用前室的机械加压送风口设置在前室的顶部或正对前室入口的墙面时，楼梯间可采用自然通风系统；当机械加压送风口未设置在前室的顶部或正对前室入口的墙面时，楼梯间应采用机械加压送风系统。

【分析】　在一些建筑中，楼梯间设有满足自然通风的可开启外窗，但其前室无外窗，要使烟气不进入防烟楼梯间，就必须对前室增设机械加压送风系统，并且对送风口的位置提出严格要求。将前室的机械加压送风口设置在前室的顶部，目的是形成有效阻隔烟气的风幕；而将送风口设在正对前室入口的墙面上，是为了取得正面阻挡烟气侵入前室的效果。当前室的机械加压送风口的设置不符合上述规定时，其楼梯间就必须设置机械加压送风系统。

7.1.13【问题】　对于建筑高度不大于 32m 的 3 层楼梯间，直接送风到楼梯间的机械加压送风系统是否必须按直灌式加压送风系统设计？

【解答】　对于建筑高度不大于 32m 的 3 层楼梯间，直接送风到楼梯间的加压送风系统按照常规加压送风系统设计或直灌式加压送风系统设计均可。

【规范依据】　《建筑防烟排烟系统技术标准》GB 51251—2017 第 3.3.3 条、第 3.3.6 条第 1 款。

3.3.3　建筑高度小于或等于 50m 的建筑，当楼梯间设置加压送风井（管）道确有困难时，楼梯间可采用直灌式加压送风系统，并应符合下列规定：

1　建筑高度大于 32m 的高层建筑，应采用楼梯间两点部位送风的方式，送风口之间距离不宜小于建筑高度的 1/2；

2　送风量应按计算值或本标准第 3.4.2 条规定的送风量增加 20%；

3　加压送风口不宜设在影响人员疏散的部位。

3.3.6　加压送风口的设置应符合下列规定：

1　除直灌式加压送风方式外，楼梯间宜每隔 2 层～3 层设一个常开式百叶送风口。

【分析】　对于不大于 3 层的楼梯间，加压送风系统未设置风井且直接在楼梯间设置一个送风口（风速小于 7m/s）的情况下，采用直灌式送风和常规加压送风系统送风没有区别，未违反楼梯间每隔 2～3 层设一个常开式百叶送风口的原则，可按常规加压送风系统设计。

7.1.14【问题】　防烟楼梯间、前室分别加压送风，防烟楼梯间及前室（合用前室）的压力传感器应如何设置？对于不超过 3 层的楼梯间，是否可以只设 1 个压力传感器？设置在何处？

【解答】　楼梯间及（合用）前室的压力传感器应设置在楼梯间或（合用）前室空间内疏散门出口侧的墙面上。前室或合用前室的压力传感器在每层均应设置，楼梯间的压力传感器一般设置 2 个，且两个测点之间的竖向距离不应小于楼梯间竖向高度的 1/2。

对于不大于 3 层的楼梯间，可在楼梯间内任一层疏散门附近距地 2m 以上的位置设置 1 个压力传感器即可。

【规范依据】 无。

【分析】 为了能比较准确地测量楼梯间的实际压力，正压送风余压监控系统在楼梯间竖向分设 2 个压力传感器，压力传感器之间的距离不小于楼梯间空间竖向高度的 1/2，以使楼梯间竖向空间压力与走道压力差值满足规范要求。

对于不大于 3 层的楼梯间，现行规范对压力传感器的设置数量无具体要求，由于这种楼梯间空间小、竖向高度低，设置一个 1 个压力传感器基本就可测得楼梯间的实际压力。

7.1.15 **【问题】** 采用机械加压送风的封闭楼梯间，当首层采用扩大的封闭楼梯间时，如何满足楼梯间正压送风的要求？首层扩大的防烟楼梯间前室如果无法满足其机械加压送风要求，如何解决？

【解答】 扩大的封闭楼梯间应采用甲级或乙级防火门等与其他走道和房间分隔。除楼梯间的出入口和外窗外，楼梯间的墙上不应开设其他门、窗、洞口。

首层无法满足机械加压送风要求的扩大的防烟楼梯间前室，可以单独设置防烟设施，可以采用机械加压送风方式和自然通风排烟方式。

【规范依据】 《建筑设计防火规范（2018 年版）》GB 50016—2014 第 6.4.2 条第 1 款、第 2 款。

6.4.2 封闭楼梯间除应符合本规范第 6.4.1 条的规定外，尚应符合下列规定：

1 不能自然通风或自然通风不能满足要求时，应设置机械加压送风系统或采用防烟楼梯间。

2 除楼梯间的出入口和外窗外，楼梯间的墙上不应开设其他门、窗、洞口。

【分析】 采用机械加压送风系统进行防烟的封闭楼梯间，在建筑的首层采用扩大的封闭楼梯间通向室外时，为满足楼梯间的正压要求，与扩大的封闭楼梯间相连的走道和房间应采用乙级防火门，以保证漏风量较低；扩大的封闭楼梯间墙上不应开设洞口，必须开设洞口时应采取严密的封堵措施。

防烟楼梯间在建筑首层采用扩大前室时，按照《陕西省建筑防火设计、审查、验收疑难问题技术指南》第 7.2.3 条的规定，应设置防烟设施，优先采用自然通风方式，但当扩大的前室空间体积较大，自然通风方式无法满足时，可设置单独的机械防烟设施。

7.1.16 **【问题】** 前室、合用前室、共用前室等设置加压送风系统且系统负担楼层数为 3 层以内时，如果在风口附近设置手动启动风机的联动装置，加压风口是否可采用常开风口？

【解答】　设置在前室内的风口（包括合用前室、共用前室等各类防烟前室）应采用常闭风口。

【规范依据】　《建筑防烟排烟系统技术标准》GB 51251—2017 第 3.1.7 条。

3.1.7　设置机械加压送风系统的场所，楼梯间应设置常开风口，前室应设置常闭风口；火灾时其联动开启方式应符合本标准第 5.1.3 条的规定。

《消防设施通用规范》GB 55036—2022 第 11.2.6 条。

11.2.6　机械加压送风系统应与火灾自动报警系统联动，并应能在防火分区内的火灾信号确认后 15s 内联动同时开启该防火分区的全部疏散楼梯间、该防火分区所在着火层及其相邻上下各一层疏散楼梯间及其前室或合用前室的常闭加压送风口和加压送风机。

【分析】　根据规范要求，前室、合用前室、共用前室应设置常闭风口，各层常闭风口应按规范要求确保火灾时联动开启。

7.1.17【问题】 　住宅建筑中未设置走道，机械加压送风系统的压力传感器设置在前室和楼梯间，应该与建筑哪个部位的压力取差值，如何设置？

【解答】　高层住宅建筑前室、合用前室与走道之间、楼梯间与走道之间的压差值均应满足《消防设施通用规范》GB 55036—2022 第 11.2.5 条的规定。当无走道时，规范对原本应设置于走道的压力传感器的设置位置无具体规定。推荐采用将原设于走道的压力传感器设置在公共区域或采用预设定压差功能的差压式余压探测器。

【规范依据】　《消防设施通用规范》GB 55036—2022 第 11.2.5 条。

11.2.5　机械加压送风系统的送风量应满足不同部位的余压值要求。不同部位的余压值应符合下列规定：

1　前室、合用前室、封闭避难层（间）、封闭楼梯间与疏散走道之间的压差应为 25Pa～30Pa；

2　防烟楼梯间与疏散走道之间的压差应为 40Pa～50Pa。

【分析】　《消防设施通用规范》GB 55036—2022 明确了压差要求，《〈建筑防烟排烟系统技术标准〉图示》15K606 给出了具体做法。但对于高层住宅建筑中未设走道时，前室、合用前室及楼梯间的压差值及余压探测器的布置，无相关规定。

高层住宅建筑中未设走道时，防烟楼梯间的差压式余压探测器，推荐安装在防烟楼梯间与合用前室的隔墙上的楼梯间侧，余压探测器测压一端穿墙伸至合用前室内，楼梯间与合用前室之间的压差值应控制在 15～20Pa；合用前室的差压式余压探测器推荐安装在合用前室与公共区域的隔墙上的合用前室侧，余压探测器测压一端穿墙伸至公共区域内，压差值控制在 25～30Pa。合用前室的差压式余压探测器也可采用测压端带预设定值功能的差压式余压探测器，用预设定气压值代替疏散走道气压值，测量与合用前室之间的压差，压差值控制在 25～30Pa。

7.1.18【问题】 剪刀楼梯间有左右两个前室，一个为合用前室，一个为独立前室且其仅有一个门与走道或房间相通。当设计采用合用前室和防烟楼梯间分别机械加压送风时，独立前室是否可以不设置加压送风系统？

【解答】 当采用剪刀楼梯间时，其两个楼梯间及其前室的机械加压送风系统应分别独立设置，独立前室也应设置加压送风系统。

【规范依据】 《建筑防烟排烟系统技术标准》GB 51251—2017 第 3.1.5 条第 1 款。

3.1.5 防烟楼梯间及其前室的机械加压送风系统的设置应符合下列规定：

1 建筑高度小于或等于50m的公共建筑、工业建筑和建筑高度小于或等于100m的住宅建筑，当采用独立前室且其仅有一个门与走道或房间相通时，可仅在楼梯间设置机械加压送风系统；当独立前室有多个门时，楼梯间、独立前室应分别独立设置机械加压送风系统。

《消防设施通用规范》GB 55036—2022 第 11.2.2 条第 1 款、第 2 款。

11.2.2 机械加压送风系统应符合下列规定：

1 对于采用合用前室的防烟楼梯间，当楼梯间和前室均设置机械加压送风系统时，楼梯间、合用前室的机械加压送风系统应分别独立设置；

2 对于在梯段之间采用防火隔墙隔开的剪刀楼梯间，当楼梯间和前室（包括共用前室和合用前室）均设置机械加压送风系统时，每个楼梯间、共用前室或合用前室的机械加压送风系统均应分别独立设置。

【分析】 根据气体流动规律，防烟楼梯间及前室之间必须形成压力梯度才能有效地阻止烟气，由于剪刀楼梯的特殊性，仅在楼梯间送风无法保证前室和走道之间压力梯度，不能有效地防止烟气的侵入，为了保证两个楼梯间的加压送风系统不至于在火灾发生时同时失效，两个楼梯间和前室、合用前室的机械加压送风系统（风机、风道、风口）应分别独立设置，两个楼梯间也要独立设置风机和风道、风口。对于非剪刀楼梯，当采用独立前室且其仅有一个门与走道或房间相通时，因其漏风泄压较小，可以采用仅在楼梯间送风而前室不送风的方式，也能保证防烟楼梯间及其前室（楼梯间→前室→走道）形成压力梯度。

7.2 排烟

7.2.1【问题】 当走道较长且各段的宽度不一致时，走道的防烟分区最大长边长度可否分段考虑？如图 7.2.1 所示，横向走道的净宽为 2.4m，竖向走道的净宽为 2.7m，可否按横向走道 60m、竖向走道 50m 划分防烟分区？

【解答】 当走道较长且各段的宽度不一致时，可按宽度分段划分防烟分区，各防烟分区按照规范规定控制防烟分区最大长边长度。

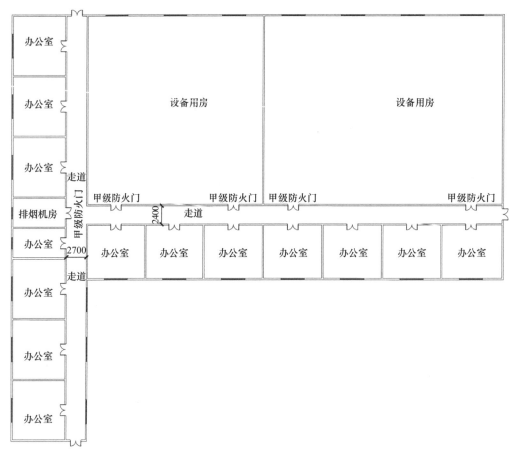

图 7.2.1　走道宽度不一致平面示意图

【规范依据】　《建筑防烟排烟系统技术标准》GB 51251—2017 第 4.2.4 条。

4.2.4　公共建筑、工业建筑防烟分区的最大允许面积及其长边最大允许长度应符合表 4.2.4 的规定，当工业建筑采用自然排烟系统时，其防烟分区的长边长度尚不应大于建筑内空间净高的 8 倍。

表 4.2.4　公共建筑、工业建筑防烟分区的最大允许面积及其长边最大允许长度

空间净高 H（m）	最大允许面积（m²）	场边最大允许长度（m）
H≤3.0	500	24
3.0＜H≤6.0	1000	36
H＞3.0	2000	60m，具有自然对流条件时，不应大于75m

注：1　公共建筑、工业建筑中的走道宽度不大于 2.5m 时，其防烟分区的场边长度不应大于 60m。
　　2　当空间净高大于 9m 时，防烟分区之间可不设置挡烟设施。
　　3　汽车库防烟分区的划分及其排烟量应符合现行国家规范《汽车库、修车库、停车场设计防火规范》GB 50067 的相关规定。

【分析】　当走廊划分为多个防烟分区时，每个防烟分区的长边长度都应满足规范规定的条件，各防烟分区按照各自不同的宽度对长度进行复核。

7.2.2【问题】 对回字形等非一字形走道，如何划分防烟分区？如果有局部变宽，又该如何处理？

【解答】 防烟分区的最大允许面积及其长边最大允许长度按照《建筑防烟排烟系统技术标准》GB 51251—2017确定。对回字形等非一字形走道，防烟分区长边长度按最远两点之间的沿程距离确定，如图7.2.2-1～图7.2.2-5所示。如果有局部变宽，按照《陕西省建筑防火设计、审查、验收疑难问题技术指南》第7.2.16条执行。

【规范依据】 《建筑防烟排烟系统技术标准》GB 51251—2017表4.2.4注1。

注：1 公共建筑、工业建筑中的走道宽度不大于2.5m时，其防烟分区的长边长度不应大于60m。

《陕西省建筑防火设计、审查、验收疑难问题技术指南》第7.2.16条。

7.2.16 （补充GB 51251—2017第4.2.4条）对于主体宽度不大于2.5m的走道，当局部变宽的累计长度不超过走道总长度的1/4，变宽的宽度不超过6m时，该走道的防烟分区的长边长度不应大于45m；对于宽度大于2.5m且小于等于3.0m的走道，该走道防烟分区的长边长度不应大于50m。（本条适用于净高小于等于6m的走道）

【分析】 非一字形的走廊、回廊，其防烟分区长边长度不大于规范规定的最小长度，其长边长度为最远两点之间的沿程距离。

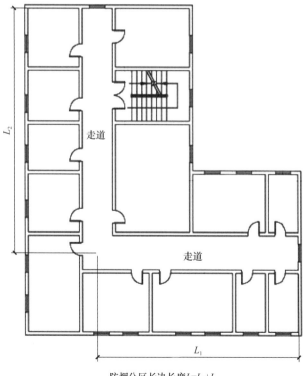

防烟分区长边长度 $L=L_1+L_2$

图7.2.2-1 "L"形走道

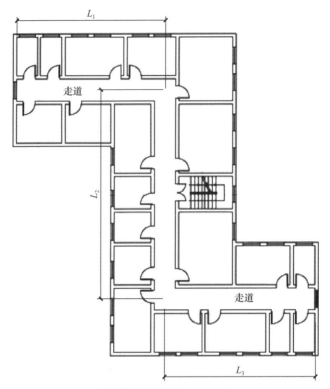

防烟分区长边长度$L=L_1+L_2+L_3$

图 7.2.2-2　"Z"形走道

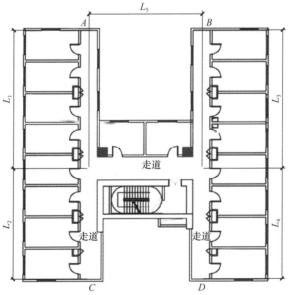

防烟分区长边长度$L=\max\{L(A,D),L(B,C),L(A,C),L(B,D),L(A,B),L(C,D)\}$
$L(A,D)=L_1+L_5+L_4$，余同

图 7.2.2-3　"H"形走道（一）

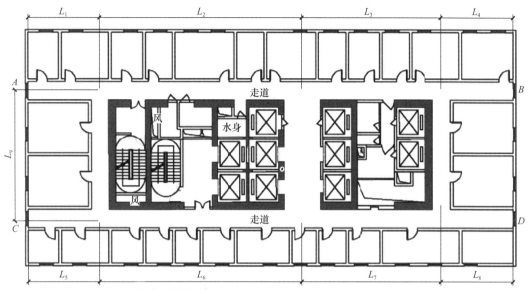

防烟分区长边长度L=max {L(A,D),L(B,C),L(A,C),L(B,D),L(A,B),L(C,D)}

$L(A,B)=L_1+L_2+L_3+L_4$，$L(A,D)=L_1+L_9+L_6+L_7+L_8$，余同

图 7.2.2-4　"H"形走道（二）

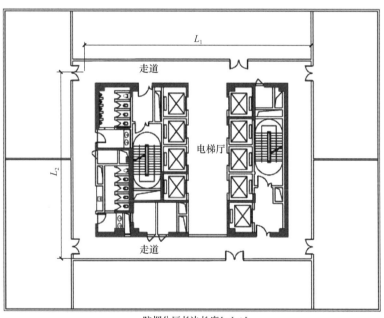

防烟分区长边长度$L=L_1+L_2$

图 7.2.2-5　"回"形走道

7.2.3【问题】　走道、室内空间净高不大于 3m 的区域，采用自然排烟，设置不小于空间净高 20% 且不低于 500mm 高的挡烟垂壁，空间净高 1/2 以上但低于挡烟垂壁的部分可否计入自然排烟窗面积？

【解答】 可以计入自然排烟窗面积。

【规范依据】 《建筑防烟排烟系统技术标准》GB 51251—2017 第4.3.3条第1款、第4.6.2条、第4.6.9条。

4.3.3 自然排烟窗（口）应设置在排烟区域的顶部或外墙，并应符合下列规定：

1 自然排烟窗（口）应设置在储烟仓以内，但走道、室内空间净高不大于3m的区域的自然排烟窗（口）可设置在室内净高的1/2以上。

4.6.2 当采用自然排烟方式时，储烟仓的厚度不应小于空间净高的20%，且不应小于500mm；当采用机械排烟方式时，不应小于空间净高的10%，且不应小于500mm。同时储烟仓底部距地面的高度应大于安全疏散所需的最小清晰高度，最小清晰高度应按本标准第4.6.9条的规定计算确定。

4.6.9 走道、室内空间净高不大于3m的区域，其最小清晰高度不宜小于其净高的1/2……

《民用建筑通用规范》GB 55031—2022 第3.2.7条。

3.2.7 建筑的室内净高应满足各类型功能场所空间净高的最低要求，地下室、局部夹层、公共走道、建筑避难区、架空层等有人员正常活动的场所最低处室内净高不应小于2.00m。

【分析】 对于层高较低（不大于3m）的区域，排烟窗（口）全部要求安装在储烟仓内会有困难，允许安装在室内净高的1/2以上，以保证一定的清晰高度；如果要求划分防烟分区的挡烟垂壁下降至净高的1/2，则对人员疏散有较大影响，故此类空间低于挡烟垂壁的部分可作为自然排烟窗面积。

7.2.4【问题】 对于地面为阶梯式、平吊顶或者地面平、顶面为斜面的建筑空间，房间净高、清晰高度、储烟仓厚度等如何确定？

【解答】 对于地面为阶梯式、平吊顶的空间，房间净高应按顶棚距最低地面的高度 H 确定，清晰高度和储烟仓厚度应按顶棚距最高地面的高度 H' 确定（见图7.2.4-1，图7.2.4-2）。

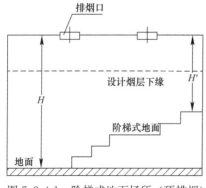

图7.2.4-1 阶梯式地面场所（顶排烟）

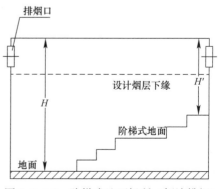

图7.2.4-2 阶梯式地面场所（侧墙排烟）

对于地面平、顶面为斜面的建筑空间，排烟窗（口）应尽量设置于高位，房间净高、清晰高度和储烟仓厚度应按排烟窗（口）中心距地面的高度 H（H'）确定（见图 7.2.4-3，图 7.2.4-4）。

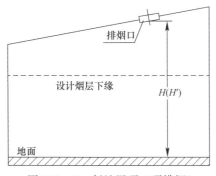

图 7.2.4-3　斜坡屋顶（顶排烟）

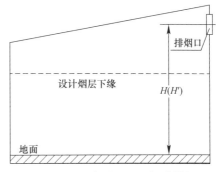

图 7.2.4-4　斜坡屋顶（侧墙排烟）

注：H——计算排烟量时的取值高度；H'——计算清晰高度和储烟仓厚度时的取值高度。

【规范依据】　《建筑防烟排烟系统技术标准》GB 51251—2017 第 4.6.9 条。

4.6.9　走道、室内空间净高不大于 3m 的区域，其最小清晰高度不宜小于其净高的 1/2，其他区域的最小清晰高度应按下式计算：

$$H_q = 1.6 + 0.1 \cdot H'$$

式中：H_q——最小清晰高度（m）；

H'——对于单层空间，取排烟空间的建筑净高度（m）；对于多层空间，取最高疏散楼层的层高（m）。

【分析】　室内空间最小清晰高度是为了保证室内人员安全疏散和方便消防人员的扑救而提出的最低要求，也是排烟系统设计时必须达到的要求。计算单层空间的清晰高度时，取排烟空间的建筑净高；计算多层空间的清晰高度时，取最高疏散楼层的层高。空间净高按如下方法确定：

1. 对于平顶和锯齿形的顶棚，空间净高为从顶棚下沿到地面的距离。

2. 对于斜坡式顶棚，空间净高为从排烟开口中心到地面的距离。

3. 对于有吊顶的场所，其净高应从吊顶处算起；设置格栅吊顶的场所，其净高应从上层楼板下边缘算起。

对于同一空间内有不同净高的房间，以消防从严设计的原则，按房间最大净高计算排烟量，按房间最小净高计算储烟仓厚度和清晰高度，均按最不利情况考虑排烟设施。

7.2.5【问题】　建筑内的疏散走道因为使用功能要求，被普通门分成了多段不大于 20m 的内走道，此时排烟系统如何考虑？

【解答】　应按走道总长度考虑是否需要设置排烟系统。

【规范依据】 《建筑防火通用规范》GB 55037—2022 第 8.2.2 条第 10 款。

8.2.2 除不适合设置排烟设施的场所、火灾发展缓慢的场所可不设置排烟设施外，工业与民用建筑的下列场所或部位应采取排烟等烟气控制措施：

10 建筑高度大于 32m 的厂房或仓库内长度大于 20m 的疏散走道，其他厂房或仓库内长度大于 40m 的疏散走道，民用建筑内长度大于 20m 的疏散走道。

【分析】 同一防火分区内，走道分隔门不能起到防火分隔的作用，其另一端不是安全出口，火灾时并未把人员疏散到安全区域，此处设的分隔门仅起到了防烟分区的分隔作用，因此走道长度应连续计算。不能因采用普通门将走道分割成多段不大于 20m 的走道而规避设置排烟系统。

7.2.6【问题】 建筑内贯通 2 层的门厅，如图 7.2.6 所示，外墙有窗，通高区域净高大于 6m，门厅投影面积小于 100m²，一、二层均与走道连通。 若在一层用挡烟垂壁将门厅与走道隔开，门厅是否可不设置排烟设施？ 如需设置排烟设施，按照小于 100m² 的有窗房间还是按照高大空间考虑？

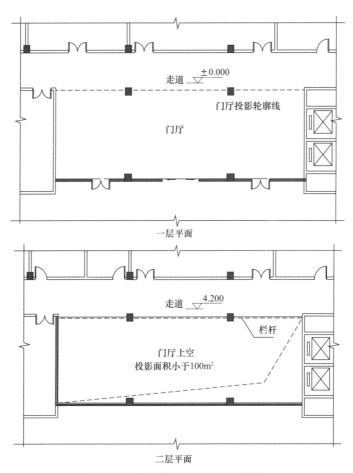

图 7.2.6 贯通 2 层的门厅示意图

【解答】 在门厅与一、二层走道连通处均需设置挡烟设施，门厅与走道分别设置排烟设施。通高门厅按照高大空间设置排烟系统。

【规范依据】 无。

【分析】 房间是供人们工作、生活、学习、娱乐和储藏物资的具有使用功能的场所；门厅是建筑物的主要出入口，一般都与走道连通，不属于房间的概念。通高门厅不应按房间考虑排烟设施。

7.2.7【问题】 一层沿街商铺，面积大于 50m² 且小于 100m²，无窗但有直接对外的疏散门，是否可以不作为无窗房间对待？

【解答】 可按有窗房间考虑。

【规范依据】 无。

【分析】 现行防火设计规范中对面积大于 50m² 且小于 100m² 的有窗房间的开窗面积未作规定。通常沿街商铺直接对外的疏散门不是防火门，人员很快就能疏散到室外，因此不作规定。

7.2.8【问题】 工业建筑中经常有人停留的无窗房间（例如抗爆控制室等），面积不大于 50m²，且与之相连的走道长度不超过 20m，其他均为无可燃物的设备间且无人停留，但总面积大于 200m²，还需要设置排烟设施吗？

【解答】 可不设置排烟设施。

【规范依据】 《建筑防火通用规范》GB 55037—2022 第 8.2.5 条。

8.2.5 建筑中下列经常有人停留或可燃物较多且无可开启外窗的房间或区域应设置排烟设施：

　　1 建筑面积大于 50m² 的房间；

　　2 房间的建筑面积不大于 50m²，总建筑面积大于 200m² 的区域。

【分析】 工业建筑中经常有人停留的无窗房间，如抗爆控制室等，虽然有人停留，但面积不大于 50m²，其他不大于 50m² 房间为无人员停留且无可燃物的设备间，虽然总面积大于 200m²，但整个区域可以按设备用房考虑。不属于规范规定的需要设置排烟的场所，因此可不设置排烟设施。

7.2.9【问题】 住宅底商两层商铺通过敞开楼梯间相连，单层面积不大于 100m² 但两层总面积大于 100m²，开敞楼梯穿楼板处是否需要设挡烟垂壁？ 一、二层如何设置排烟系统，自然排烟口的有效面积是否均需满足要求？

【解答】 当每层均需设置排烟设施或其中任一层需要设置排烟设施时，应在开敞楼梯穿楼板的开口部位设挡烟设施。一、二层商铺应各自划分防烟分区，并满足规范要求的自然排烟口的有效面积。

【规范依据】 《建筑防火通用规范》GB 55037—2022 第 8.2.5 条第 1 款（见本书 7.2.8）。

《建筑防烟排烟系统技术标准》GB 51251—2017 第 4.2.3 条。

4.2.3 设置排烟设施的建筑内，敞开楼梯和自动扶梯穿越楼板的开口部应设置挡烟垂壁等设施。

【分析】 住宅底商两层商铺通过敞开楼梯间相连，两层的总面积大于 100m²，因此其中的一层必定大于 50m²，该层应设置排烟设施，在火灾发生时，烟气应在当层及时排出，在开敞楼梯穿越楼板的开口部位应设置挡烟设施，阻挡烟气蔓延到另一层。一、二层应按两个防烟分区设置排烟设施，自然排烟口的有效面积均需满足规范要求。

对于两层商铺的面积都小于 50m²，通过敞开楼梯间相连，两层的总面积小于 100m² 的商铺，每层都不需要设置排烟设施，此时开敞楼梯穿楼板的开口部位可以不设置挡烟设施。

7.2.10【问题】 设置在地下的消防控制室、柴油发电机房等的面积大于 50m² 时，是否需要考虑排烟？

【解答】 设置在地下的面积大于 50m² 的消防控制室，是人员经常停留（有值班要求）房间，应设置排烟设施，设置的排烟设施要配合给水排水专业采取的消防措施。地下建筑面积大于 50m² 的柴油发电机房，无人员经常停留、可燃物少，不需要设置排烟设施。

【规范依据】 《建筑防火通用规范》GB 55037—2022 第 8.2.5 条（见本书 7.2.8）。

【分析】 建筑面积大于 50m² 的房间是否设置排烟设施，与是否"经常有人停留或可燃物较多且无可开启外窗"及相关专业设置的消防设施有关。

7.2.11【问题】 医院建筑中净空小于 6m，设有等候候诊座椅的候诊走道宽度较宽，此处防烟分区计算排烟量按《建筑防烟排烟系统技术标准》GB 51251—2017 第 4.6.3 条第 1 款的规定取值（不小于 15000m³/h），还是按该条第 3 款或第 4 款取值（不小于 13000m³/h）？

【解答】 首先识别该防烟分区是否为走道，认定为走道的计算排烟量按不小于 13000m³/h 取值；不认定为走道的计算排烟量按不小于 15000m³/h 取值。

【规范依据】 《民用建筑设计术语标准》GB/T 50504—2009 第 2.5.16 条。

2.5.16 走廊（走道）corridor: passage

建筑物中的水平交通空间。

《建筑防烟排烟系统技术标准》GB 51251—2017 第 4.6.3 条第 1 款、第 3 款、第 4 款。

4.6.3 除中庭外下列场所一个防烟分区的排烟量计算应符合下列规定：

1 建筑空间净高小于或等于 6m 的场所，其排烟量应按不小于 60m³/（h·m²）计算，且取值不小于 15000m³/h，或设置有效面积不小于该房间建筑面积 2% 的自然排烟窗（口）。

3 当公共建筑仅需在走道或回廊设置排烟时，其机械排烟量不应小于 13000m³/h，或在走道两端（侧）均设置面积不小于 $2m^2$ 的自然排烟窗（口）且两侧自然排烟窗（口）的距离不应小于走道长度的 2/3。

4 当公共建筑房间内与走道或回廊均需设置排烟时，其走道或回廊的机械排烟量可按 $60m^3/(h\cdot m^2)$ 计算且不小于 $13000m^3/h$，或设置有效面积不小于走道、回廊建筑面积 2% 的自然排烟窗（口）。

【分析】 先判断防烟分区是否为走道，当走道宽度大于 3m 时，一般具有了人员休息的空间可能，因此当建筑平面在走道布置了座椅时，宜按房间设计排烟系统。

7.2.12【问题】 某项目接待中心如图 7.2.12 所示，一层的面积为 $675m^2$，层高 4.2m，长边长度 32m；二层有回廊，回廊至顶板 5.7m（接待中心最高处高度 4.2+5.7=9.9m）。 是否需用挡烟垂壁将二层回廊分隔为一个防烟分区考虑排烟，还是可以将一、二层作为一个空间考虑排烟？

【解答】 图 7.2.12 所示的接待中心一、二层可不设挡烟垂壁分隔，整体按"多层空间的高大空间"设置排烟系统。

【规范依据】 《建筑防烟排烟系统技术标准》GB 51251—2017 第 4.2.4 条、第 4.6.9 条。

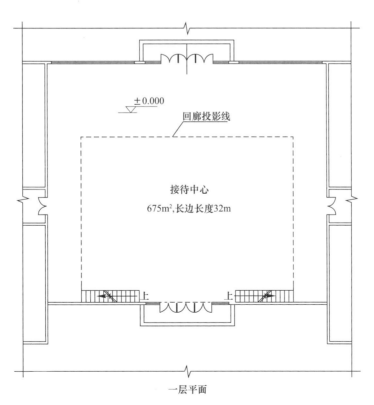

图 7.2.12 某项目接待中心示意图（一）

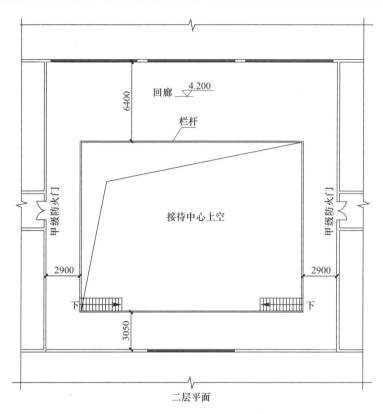

图 7.2.12　某项目接待中心示意图（二）

4.2.4　公共建筑、工业建筑防烟分区的最大允许面积及其长边最大允许长度应符合表 4.2.4 的规定，当工业建筑采用自然排烟系统时，其防烟分区的长边长度尚不应大于建筑内空间净高的 8 倍。

表 4.2.4　公共建筑、工业建筑防烟分区的最大允许面积及其长边最大允许长度

空间净高 H（m）	最大允许面积（m²）	长边最大允许长度（m）
$H \leqslant 3.0$	500	24
$3.0 < H \leqslant 6.0$	1000	36
$H > 6.0$	2000	60m；具有自然对流条件时，不应大于 75m

注：1　公共建筑、工业建筑中的走道宽度不大于 2.5m 时，其防烟分区的长边长度不应大于 60m。
　　2　当空间净高大于 9m 时，防烟分区之间可不设置挡烟设施。
　　3　汽车库防烟分区的划分及其排烟量应符合现行国家规范《汽车库、修车库、停车场设计防火规范》GB 50067 的相关规定。

4.6.9　走道、室内空间净高不大于 3m 的区域，其最小清晰高度不宜小于其净高的 1/2，其他区域的最小清晰高度应按下式计算：

$$H_q = 1.6 + 0.1 \cdot H'$$
　　　　　　(4.6.9)

式中：H_q——最小清晰高度（m）；

　　　　H'——对于单层空间，取排烟空间的建筑净高度（m）；

对于多层空间，取最高疏散楼层的层高（m）。

【分析】 此类高大空间不属于中庭，和周围场所之间可不设挡烟垂壁分隔，整体按"多层空间的高大空间"设置排烟。注意最小清晰高度 H_q 应保证二层人员的清晰高度，H' 应取最高疏散楼层净高。本示例中 H' 为二层回廊净高（5.7m）。防烟分区面积、长边最大允许长度均按一层数据计算，应满足《建筑防烟排烟系统技术标准》GB 51251—2017 第4.2.4条的要求，设置的排烟口距防烟分区最远点（一、二层均应满足）小于30m。

7.2.13【问题】 大型商场贯通楼层板的自动扶梯区域，是否需要设置排烟设施？

【解答】 设于中庭内的自动扶梯排烟设施结合中庭统一考虑。单独设置的自动扶梯穿越楼板的开口部应设置挡烟垂壁等设施，不单独设置排烟设施。

【规范依据】 《建筑设计防火规范（2018年版）》GB 50016—2014 第5.5.4条。

5.5.4 自动扶梯和电梯不应计作安全疏散设施。

《建筑防烟排烟系统技术标准》GB 51251—2017 第4.2.3条。

4.2.3 设置排烟设施的建筑内，敞开楼梯和自动扶梯穿越楼板的开口部应设置挡烟垂壁等设施。

【分析】 火灾时自动扶梯不承担人员疏散功能，故不设排烟设施，但穿越楼板的开口部应设置挡烟垂壁等设施。

7.2.14【问题】 一层走廊两端有外门，采用自然排烟，外门上部窗户在储烟仓内，是否可以作为自然排烟口？另外，设有门斗的一层外门，是否可以作为机械排烟时的自然补风口？

【解答】 走廊两端外门（非防火门）上部窗户在储烟仓内时，可以作为自然排烟口。机械排烟时的自然补风口可采用疏散外门、手动或自动可开启外窗等，门斗不作为自然补风口，可作为机械排烟自然补风的补充。

【规范依据】 《消防设施通用规范》GB 55036—2022 第11.3.6条。

11.3.6 除地上建筑的走道或地上建筑面积小于500m² 的房间外，设置排烟系统的场所应能直接从室外引入空气补风，且补风量和补风口的风速应满足排烟系统有效排烟的要求。

《建筑防烟排烟系统技术标准》GB 51251—2017 第4.5.3条。

4.5.3 补风系统可采用疏散外门、手动或自动可开启外窗等自然进风方式以及机械送风方式。防火门、窗不得用作补风设施。风机应设置在专用机房内。

【分析】 根据《建筑防烟排烟系统技术标准》GB 51251—2017 第4.3.1条，采用自然排烟系统的场所应设置自然排烟窗（口）。非防火门的外门属于可开启的自然排烟口，可作为自然排烟使用。因此，只要满足清晰高度要求，走廊两端外门（非防火门）及上部窗户可作为自然排烟口。

排烟系统排烟时，补风的主要目的是形成理想的气流组织，迅速排除烟气，有利于人员的安全疏散和消防人员的进入。补风系统可采用疏散外门、手动或自动可开启外窗等自然进风方式以及机械送风方式。门斗是密闭的保温隔热小间，无法通过门斗直接从室外引入空气，故门斗仅可视为机械排烟自然补风的补充，不计入总补风面积内。

7.2.15【问题】 自然排烟的空间是否需要考虑自然补风？自然补风口与自然排烟口是否有水平、垂直距离要求？

【解答】 自然排烟系统应考虑补风，并优先考虑自然补风。补风口与排烟口设置在同一空间内相邻的防烟分区时，补风口位置不限；当补风口与排烟口设置在同一防烟分区时，补风口应设在储烟仓底距地 1/2 以下。

【规范依据】 《消防设施通用规范》GB 55036—2022 第 11.3.6 条。

11.3.6 除地上建筑的走道或地上建筑面积小于 500m² 的房间外，设置排烟系统的场所应能直接从室外引入空气补风，且补风量和补风口的风速应满足排烟系统有效排烟的要求。

【分析】 自然排烟方式采用机械补风时，若排烟窗故障，机械补风联动开启，易造成烟气层扩散、火灾蔓延，故自然排烟系统优先采用自然补风。

参考《自然排烟窗技术规程》T/CECS 884—2021 第 3.0.9 条：设置自然排烟窗场所的补风设施的设置应符合下列规定：（1）同一空间宜采用同一种补风方式；（2）当采用自然进风方式进行补风时，其补风口有效面积不宜小于所在空间的防烟分区中最大总自然排烟窗有效排烟面积的 1/2，补风空气应直接从室外引入。补风口与排烟口设置在同一空间内相邻的防烟分区时，补风口位置不影响该防烟分区自然排烟的气流组织，补风口位置不限；当补风口与排烟口设置在同一防烟分区时，补风口应设在储烟仓底距地 1/2 以下，形成理想的排烟气流组织，有利于排除烟气。

7.2.16【问题】 面积大于 500m² 设有机械排烟的建筑空间，排烟补风系统是需要补至对应防烟分区，还是补至所在防火分区即可？

【解答】 面积大于 500m² 设有机械排烟的建筑空间，且为同一个空间的防烟分区之一时，补风可以补至所处防烟分区或相邻防烟分区，但必须在同一防火分区内，且应注意补风气流是否有阻碍。

【规范依据】 《消防设施通用规范》GB 55036—2022 第 11.3.6 条。

11.3.6 除地上建筑的走道或地上建筑面积小于 500m² 的房间外，设置排烟系统的场所应能直接从室外引入空气补风，且补风量和补风口的风速应满足排烟系统有效排烟的要求。

《建筑防烟排烟系统技术标准》GB 51251—2017 第 4.5.4 条。

4.5.4 补风口与排烟口设置在同一空间内相邻的防烟分区时，补风口位置不限；当补风口与排烟口设置在同一防烟分区时，补风口应设在储烟仓下沿以下；补风口与排烟口水平距离不应少于 5m。

【分析】　补风系统需满足排烟系统有效排烟的要求。同一个大空间被划分为若干个防烟分区，火灾补风补至该空间内即可满足火灾补风的要求（同一防火分区），应特别注意补风气流的路径是否有阻碍。该补风口所位于的防烟分区，补风口应设在储烟仓下沿以下，补风口与排烟口水平距离不应少于 5m。

7.2.17【问题】　地下内走道长度大于 20m，各无窗房间面积均大于 $50m^2$，走道及房间均设置机械排烟，机械补风是否可以只补到走道而不进入各个房间，仅在房间隔墙上设防火风口补风？

【解答】　当无窗房间为普通墙、普通门时，机械补风可以只补到走道而不进入各个房间；当无窗房间为防火隔墙、防火门时，机械补风建议补至各个房间，或者只补到走道时，需在房间隔墙上设置防火风口，隔墙上的防火风口需满足《建筑防烟排烟系统技术标准》GB 51251—2017 第 4.5.4 条～第 4.5.7 条要求。对于歌舞娱乐场所，补风口应接至内走道和设有排烟口的房间内。

【规范依据】　《建筑防烟排烟系统技术标准》GB 51251—2017 第 4.5.4～第 4.5.7 条。

4.5.4　补风口与排烟口设置在同一空间内相邻的防烟分区时，补风口位置不限；当补风口与排烟口设置在同一防烟分区时，补风口应设在储烟仓下沿以下；补风口与排烟口水平距离不应少于 5m。

4.5.5　补风系统应与排烟系统联动开启或关闭。

4.5.6　机械补风口的风速不宜大于 10m/s，人员密集场所补风口的风速不宜大于 5m/s；自然补风口的风速不宜大于 3m/s。

4.5.7　补风管道耐火极限不应低于 0.50h，当补风管道跨越防火分区时，管道的耐火极限不应小于 1.50h。

【分析】　采用隔墙等形成的独立分隔空间，实际为一个防烟分区，该空间应作为一个防烟分区设置排烟口。如果该房间属于火灾危险等级较高的房间，无法通过外门实现火灾补风，当采用走道间接补风时，需在房间隔墙上设防火风口；当防火风口作为补风口与排烟口设置在同一防烟分区时，补风口应设在储烟仓下沿以下，补风口与排烟口水平距离不应少于 5m，补风口风速应满足自然补风口风速要求。

7.2.18【问题】　高大空间采用水炮灭火系统时，《建筑防烟排烟系统技术标准》GB 51251—2017 表 4.6.7 中热释放速率按照有喷淋还是无喷淋选取？

【解答】　高大空间采用水炮灭火系统时，热释放速率可按有喷淋选取。

【规范依据】　《建筑防烟排烟系统技术标准》GB 51251—2017 第 4.6.7 条。

4.6.7　各类场所的火灾热释放速率可按本标准第 4.6.10 条的规定计算且不应小于

表 4.6.7 规定的值。设置自动喷水灭火系统（简称喷淋）的场所，其室内净高大于 8m 时，应按无喷淋场所对待。

表 4.6.7 火灾达到稳态时的热释放速率

建筑类别	喷淋设置情况	热释放速率 Q（MW）
办公室、教室、客房、走道	无喷淋	6.0
	有喷淋	1.5
商店、展览厅	无喷淋	10.0
	有喷淋	3.0
其他公共场所	无喷淋	8.0
	有喷淋	2.5
汽车库	无喷淋	3.0
	有喷淋	1.5
厂房	无喷淋	8.0
	有喷淋	2.5
仓库	无喷淋	20.0
	有喷淋	4.0

【分析】 《建筑防烟排烟系统技术标准》GB 51251—2017 第 4.6.7 条的条文说明中提到，当室内净空高度大于 8m，且采用了符合现行国家标准《自动喷水灭火系统设计规范》GB 50084 的有效喷淋灭火措施时，该火灾热释放速率可以按有喷淋取值；第 4.6.3 条的条文说明也提到，空间净高大于 8m 的场所，当采用普通湿式灭火（喷淋）系统时，喷淋灭火作用已不大，需要设置消防水炮系统。消防水炮系统有火焰发现传感器，可以自己发现火源并喷射灭火，有"自动"功能；其喷射的介质是水（有柱形和雾状两种射水状态），所以属于自动喷水灭火系统（简称喷淋）。

但是实际工程验收中发现，由于施工安装或调试的原因，消防水炮系统会出现"自动"失灵、瞄不准的情况；特殊消防设计中，此类情况按照无喷淋考虑。综合以上因素，从安全角度出发，如果条件允许，计算排烟量时仍按无喷淋考虑。

7.2.19【问题】 《汽车库、修车库、停车场设计防火规范》GB 50067—2014 表 8.2.5 中的数据是否可以认为是排烟系统的设计风量？风机选型是否还需要在表 8.2.5 中数据的基础上乘以 1.2？

【解答】 《汽车库、修车库、停车场设计防火规范》GB 50067—2014 表 8.2.5 中的数据为排烟系统的设计风量，选风机时无须再放大 1.2 倍。

【规范依据】 《消防设施通用规范》GB 55036—2022 第 11.1.4 条。

11.1.4 加压送风机和排烟风机的公称风量，在计算风压条件下不应小于计算所需风量的 1.2 倍。

《汽车库、修车库、停车场设计防火规范》GB 50067—2014 第 8.2.5 条。

8.2.5 汽车库、修车库内每个防烟分区排烟风机的排烟量不应小于表 8.2.5 的规定。

表 8.2.5 汽车库、修车库内每个防烟分区排烟风机的排烟量

汽车库、修车库的 净高（m）	汽车库、修车库的排烟量 （m³/h）	汽车库、修车库的 净高（m）	汽车库、修车库的排烟量 （m³/h）
3.0 及以下	30000	7.0	36000
4.0	31500	8.0	37500
5.0	33000	9.0	39000
6.0	34500	8.0 以上	40500

注：建筑空间净高位于表中两个高度之间的，按线性插值法取值。

【分析】 根据《消防设施通用规范》GB 55036—2022 第 11.1.4 条，加压送风机和排烟风机的公称风量，在计算风压条件下不应小于计算所需风量的 1.2 倍，风机的额定风量应根据实际的计算风量及漏风损失等确定。《汽车库、修车库、停车场设计防火规范》GB 50067—2014 表 8.2.5 中的风量是"汽车库、修车库内每个防烟分区排烟风机的排烟量"，因此表中的数据为考虑过漏风等因素以后的数值，无须在此基础放大 1.2 倍。

7.2.20【问题】 直接下地下二层的超长（长度大于 100m）汽车坡道，或者环形坡道，是否可以按照室外考虑？是否可以参考城市交通隧道的排烟设计？

【解答】 直接下地下二层的超长（长度大于 100m）汽车坡道，或者环形坡道，建筑专业按照室外考虑，本着消防从严设计的原则，参考城市交通隧道及《地铁设计防火标准》GB 51298—2018 的相关规定，应考虑排烟设施，并优先设置自然排烟。

【规范依据】 《建筑防火通用规范》GB 55037—2022 第 8.2.4 条。

8.2.4 通行机动车的一、二、三类城市交通隧道内应设置排烟设施。

《建筑设计防火规范（2018 年版）》GB 50016—2014 第 12.1.1 条、第 12.1.2 条、第 12.3.2 条。

12.1.1 城市交通隧道（以下简称隧道）的防火设计应综合考虑隧道内的交通组成、隧道的用途、自然条件、长度等因素。

12.1.2 单孔和双孔隧道应按其封闭段长度和交通情况分为一、二、三、四类，并应符合表 12.1.2 的规定。

表 12.1.2 单孔和双孔隧道分类

用途	一类	二类	三类	四类
	隧道封闭段长度 L（m）			
可通行危险化学品等机动车	L>1500	500<L≤1500	L≤500	—
仅限通行非危险化学品等机动车	L>3000	1500<L≤3000	500<L≤1500	L≤500
仅限人行或通行非机动车	—	—	L>1500	L≤1500

12.3.2 隧道内机械排烟系统的设置应符合下列规定：

1 长度大于 3000m 的隧道，宜采用纵向分段排烟方式或重点排烟方式；

2 长度不大于 3000m 的单洞单向交通隧道，宜采用纵向排烟方式；

3 单洞双向交通隧道，宜采用重点排烟方式。

《地铁设计防火标准》GB 51298—2018 第 8.1.1 条第 4 款。

8.1.1 下列场所应设置排烟设施：

4 车站设备管理区内长度大于 20m 的内走道，长度大于 60m 的地下换乘通道、连接通道和出入口通道。

【分析】 直接下地下二层的超长（长度大于 100m）汽车坡道，或者环形坡道，建筑专业按照室外考虑，但是由于其距室外出口的距离较长（大于 60m），一旦车辆在坡道上发生火灾，人员逃生比较困难。

参考城市交通隧道的防火设计，隧道排烟方式分为自然排烟和机械排烟。

根据《建筑设计防火规范（2018 年版）》GB 50016—2014 第 12.1.2 条，此类坡道属于四类隧道；根据《建筑防火通用规范》第 8.2.4 条，四类隧道因长度较短、发生火灾的概率较低或火灾危险性较小，可不设置排烟设施；根据《地铁防火设计标准》第 8.1.1 条，"长度大于 60m 的地下换乘通道、连接通道和出入口通道"需要考虑排烟设施。

综上所述，此类坡道与隧道有着较大区别，人员通行的概率较大，应考虑排烟设施，建议优先设置自然排烟，可沿途在坡道顶部或侧壁开设通风口进行排烟，通风口的距离按保证至任一最远点长度不大于 30m 确定。

7.2.21【问题】 影院观众厅排烟量是按《建筑防烟排烟系统技术标准》GB 51251—2017 计算，还是按《电影院建筑设计规范》JGJ 58—2008 第 6.1.9 条执行［排烟量按 13 次/h 或 90m³/（m²·h）计算，取大值］？地上放映厅面积不大于 500m²，但其排烟量大且比较密闭，是否需要设置补风系统？

【解答】 影院观众厅的排烟和补风设施不再执行《电影院建筑设计规范》JGJ 58—2008 的相关规定，应按照《建筑防火通用规范》GB 55037—2022 和《建筑防烟排烟系统技术标准》GB 51251—2017 的相关规定进行设计。另外，对于位于建筑四层及以上楼层的观众厅的排烟和补风设施可按照《陕西省建筑防火设计、审查、验收疑难问题技术指南》第 4.0.2 条的规定设置。

【规范依据】 《建筑防火通用规范》GB 55037—2022 第 8.2.2 条第 6 款。

8.2.2 除不适合设置排烟设施的场所、火灾发展缓慢的场所可不设置排烟设施外，工业与民用建筑的下列场所或部位应采取排烟等烟气控制措施：

6 设置在地下或半地下、地上第四层及以上楼层的歌舞娱乐放映游艺场所，设置在其他楼层且房间总建筑面积大于 100m² 的歌舞娱乐放映游艺场所。

《消防设施通用规范》GB 55036—2022 第 11.3.6 条。

11.3.6 除地上建筑的走道或地上建筑面积小于 500m² 的房间外，设置排烟系统的场所应能直接从室外引入空气补风，且补风量和补风口的风速应满足排烟系统有效排烟的要求。

《建筑防烟排烟系统技术标准》GB 51251—2017 第 4.6.3 条第 1 款、第 2 款。

4.6.3 除中庭外下列场所一个防烟分区的排烟量计算应符合下列规定：

1 建筑空间净高小于或等于 6m 的场所，其排烟量应按不小于 60m³/（h·m²）计算，且取值不小于 15000m³/h，或设置有效面积不小于该房间建筑面积 2% 的自然排烟窗（口）。

2 公共建筑、工业建筑中空间净高大于 6m 的场所，其每个防烟分区排烟量应根据场所内的热释放速率以及本标准第 4.6.6 条～第 4.6.13 条的规定计算确定，且不应小于表 4.6.3 中的数值，或设置自然排烟窗（口），其所需有效排烟面积应根据表 4.6.3 及自然排烟窗（口）处风速计算。

表 4.6.3 公共建筑、工业建筑中空间净高大于 6m 场所的计算排烟量及自然排烟侧窗（口）部风速

空间净高（m）	办公室、学校（×10⁴m³/h）		商店、展览厅（×10⁴m³/h）		厂房、其他公共建筑（×10⁴m³/h）		仓库（×10⁴m³/h）	
	无喷淋	有喷淋	无喷淋	有喷淋	无喷淋	有喷淋	无喷淋	有喷淋
6.0	12.2	5.2	17.6	7.8	15.0	7.0	30.1	9.3
7.0	13.9	6.3	19.6	9.1	16.8	8.2	32.8	10.8
8.0	15.8	7.4	21.8	10.6	18.9	9.6	35.4	12.4
9.0	17.8	8.7	24.2	12.2	21.1	11.1	38.5	14.2
自然排烟侧窗口部风速（m/s）	0.94	0.64	1.06	0.78	1.01	0.74	1.26	0.84

《陕西省建筑防火设计、审查、验收疑难问题技术指南》第 4.0.2 条第 4 款。

4.0.2 （补充 GB 50016—2014 [2018 年版] 第 5.4.7 条第 2 款）位于建筑四层及四层以上，建筑面积大于 400m² 且不大于 600m² 的观众厅，除符合规范要求外，还应符合下列要求：

4 厅室内应设置独立的机械排烟系统及机械补风、自然补风或混合补风系统。

【分析】《电影院建筑设计规范》JGJ 58—2008 于 2008 年 8 月 1 日实施，其第 6.1.9 条规定：面积大于 100m² 的地上观众厅和面积大于 50m² 的地下观众厅应设置机械排烟设施。其相关条文说明规定：关于排烟量，参照《高层民用建筑设计防火规范》GB 50045[①] 第 8.4.2 条中庭的排烟量计算方法，考虑到观众厅净高比中庭低，人员密集，且由于有座椅的障碍，火灾时人员疏散较困难。因此建议观众厅以 13 次/h 换气标准计算，或 90m³/（h·m²）换气标准计算，两者取其大者。

---

① 该标准目前已作废。

2018 年 8 月 1 日实施的《建筑防烟排烟系统技术标准》GB 51251—2017 第 4.6.3 条对除中庭外的"建筑空间净高小于或等于 6m 的场所,以及公共建筑、工业建筑中空间净高大于 6m 的场所"的排烟量计算有明确规定。《建筑设计防火规范(2018 年版)》GB 50016—2014 在第 5.4 节和第 5.5 节对电影院、歌舞娱乐放映游艺等场所的平面布置和安全疏散也有明确的要求。可以理解为《建筑设计防火规范》以及《建筑防烟排烟系统技术标准》等完善了相关体系建设。

除国家对电影院建筑的专业标准有新的特别规定外,应执行现行最新的国家标准。

7.2.22【问题】 厂房内配套的办公室、会议室、培训室等,当建筑面积大于 100m² 时,是否考虑排烟设施?厂房办公区域内疏散走道的排烟是按照厂房(仓库)内疏散走道长度大于 40m 来确定,还是按照民用建筑内走道长度大于 20m 来确定?

【解答】 厂房内配套的办公室、会议室、培训室等房间,当建筑面积大于 100m² 时,应考虑排烟设施;厂房办公区域内疏散走道排烟按照《建筑防火通用规范》GB 55037—2022 第 8.2.2 条第 10 款的规定执行。

【规范依据】 《建筑防火通用规范》GB 55037—2022 第 8.2.2 条第 10 款。

8.2.2 除不适合设置排烟设施的场所、火灾发展缓慢的场所可不设置排烟设施外,工业与民用建筑的下列场所或部位应采取排烟等烟气控制设施:

10 高度大于 32m 的高层厂房或仓库内长度大于 20m 的疏散走道,其他厂房或仓库内长度大于 40m 的疏散走道,民用建筑内长度大于 20m 的疏散走道。

【分析】 厂房属于工业建筑,设在厂房内配套的办公等房间为辅助用房,当建筑面积大于 100m² 时,应设置排烟设施;设在厂房内办公区域的疏散走道的排烟设置,应按《建筑防火通用规范》GB 55037—2022 执行。

7.2.23【问题】 工业建筑的无动力风帽、无动力旋涡式通风器、气楼是否可以作为自然排烟口?

【解答】 工业建筑的无动力风帽、无动力旋涡式通风器、气楼不可以作为自然排烟口。

【规范依据】 《建筑防烟排烟系统技术标准》GB 51251—2017 第 4.3.4 条。

4.3.4 厂房、仓库的自然排烟窗(口)设置尚应符合下列要求:

1 当设置在外墙时,自然排烟窗(口)应沿建筑物的两条对边均匀设置;

2 当设置在屋顶时,自然排烟窗(口)应在屋面均匀设置且宜采用自动控制方式开启;当屋面斜度小于或等于 12°时,每 200m² 的建筑面积应设置相应的自然排烟窗(口);当屋面斜度大于 12°时,每 400m² 的建筑面积应设置相应的自然排烟窗(口)。

【分析】 工业建筑的无动力风帽、无动力旋涡式通风器、气楼,理论上可以排烟,但实际上无法作为自然排烟口的原因如下：

1. 其排烟能力没有公认的计算依据；

2. 其布置无法做到符合规范要求；

3. 无法保证高温烟气环境中工作可靠性和完整性。

7.2.24【问题】 防烟排烟系统选用防烟防火阀（常开型），要求该阀具有烟感报警自动关闭，电动可再次开启的功能等，是否存在这种阀？

【解答】 市场上有满足消防联动（通常通过烟感、温感、手报由消控室远程控制）或远程控制关闭，并可远程控制电动开启的防烟防火阀。

【规范依据】 无。

【分析】 防烟防火阀（常开型）可远传关闭，并可实现远程控制打开，但该阀不是通过传统弹簧力动作，弹簧驱动和电磁解锁方式不具备动作后再次动作的功能。能实现关闭后再次打开功能的是以电动机（气动）作为驱动力装置的全自动防烟防火阀。但要说明的是这种阀并不具备 70℃ 或 280℃ 熔断关闭的功能。

排烟防火阀（常闭型）可远传打开，并可实现远程控制关闭复位。一般这种阀同样不具备 70℃ 或 280℃ 熔断关闭的功能。设计人员在选用时应充分了解所选阀门的性能，避免错选、错用。

7.2.25【问题】 根据《建筑通风和排烟系统用防火阀门》GB 15930—2007 的规定，排烟防火类风阀只有防火阀（70℃）、排烟防火阀（280℃）、排烟阀三种，实际工程中出现的防烟防火阀、电动防火阀、自动复位电动防火阀、多叶送风口、多叶排烟口、板式排烟口等名称是否合规？

【解答】 通风、空气调节系统用的防火阀及防烟排烟系统用的排烟防火阀、排烟阀，其阀门动作机理是以弹簧力驱动，电磁力解锁。

市场上所谓的自动复位电动防火阀（排烟阀）或自动复位电动防烟阀等产品，阀门动作机理是通过电机或电机与弹簧结合作为驱动。判断这些阀门是否合规，必须明确要求强制性产品认证目录的消防产品是否具备强制性产品认证证书，新研制的尚未制订国家标准、行业标准的消防产品是否具备技术鉴定证书。消防产品的关键性能是否符合消防产品现场检查判定规则的要求。

【规范依据】 《消防产品监督管理规定》第十九条。

第十九条　消防产品使用者应当查验产品合格证明、产品标识和有关证书，选用符合市场准入的、合格的消防产品。

建设工程设计单位在设计中选用的消防产品，应当注明产品规格、性能等技术指标，其质量要求应当符合国家标准、行业标准。当需要选用尚未制定国家标准、行业标准的消防产品时，应当选用经技术鉴定合格的消防产品。

......

【分析】 通风、空气调节系统、防烟排烟系统采用的阀包括防火阀、排烟防火阀、排烟阀三种，实际工程中还有其衍生产品：多叶送风口、多叶排烟口、板式排烟口和防火风口等。上述产品基于传统的以弹簧力驱动，电磁力解锁的阀体结构。普通防烟阀实为防火阀的常闭型，仅仅是状态和动作反向。对于所谓的电动防火阀、自动复位电动防火阀或自动复位电动排烟阀，是由于远程控制自动复位的需求，市场出现了此类产品，它们是通过电机或电机与弹簧结合作为驱动的，可用于高大空间（航站楼、地铁站厅站台、高铁站、会议厅及展览馆等）无法实现就地手动钢丝控制复位的场所。

能满足关闭（打开）后并再次打开（关闭）功能的，是通过配置电动机（气动）作为驱动装置的电动（气动）驱动型全自动防烟防火阀，但此类阀并不具备70℃或280℃熔断关闭的功能。

一些常见的消防风阀、风口如图7.2.25所示。

| 多叶送风口 | 防火阀 | 排烟防火阀 | 排烟阀 |

| 排烟口 | 多叶排烟口 | 板式排烟口 | 防火风口 |

图7.2.25 一些常见的消防风阀、风口

7.2.26【问题】 与排烟系统合用的空调系统风管是否可以采用"双面彩钢复合风管"，内壁金属板的厚度是否可以不按高压系统确定？

【解答】 空调系统风管采用"双面彩钢复合风管"，应在满足耐火完整性和耐火隔热性的要求下，方可兼作排烟使用；内壁金属板的厚度应按高压系统确定。

【规范依据】 《建筑防烟排烟系统技术标准》GB 51251—2017 第6.3.3条。

6.3.3 风管应按系统类别进行强度和严密性检验，其强度和严密性应符合设计要求或下列规定：

1　风管强度应符合现行行业标准《通风管道技术规程》JGJ/T 141 的规定。

2　金属矩形风管的允许漏风量应符合下列规定：

$$低压系统风管：L_{\text{low}} \leqslant 0.1056 P_{风管}^{0.65} \tag{6.3.3-1}$$

$$中压系统风管：L_{\text{mid}} \leqslant 0.0352 P_{风管}^{0.65} \tag{6.3.3-2}$$

$$高压系统风管：L_{\text{high}} \leqslant 0.0117 P_{风管}^{0.65} \tag{6.3.3-3}$$

式中：L_{low}，L_{mid}，L_{high}——系统风管在相应工作压力下，单位面积风管单位时间内的允许漏风量$\left[\text{m}^3/(\text{h} \cdot \text{m}^2)\right]$；

$P_{风管}$——风管系统的工作压力（Pa）。

3　风管系统类别应按本标准表 6.3.3 划分。

表 6.3.3　风管系统类别划分

系统类别	系统工作压力 $P_{风管}$（Pa）
低压系统	$P_{风管} \leqslant 500$
中压系统	$500 < P_{风管} \leqslant 1500$
高压系统	$P_{风管} > 1500$

4　金属圆形风管、非金属风管允许的气体漏风量应为金属矩形风管规定值的 50%；

5　排烟风管应按中压系统风管的规定。

检查数量：按风管系统类别和材质分别抽查，不应少于 3 件及 15m^2。

检查方法：检查产品合格证明文件和测试报告或进行测试。系统的强度和漏风量测试方法按现行行业标准《通风管道技术规程》JGJ/T 141 的有关规定执行。

《通风管道技术规程》JGJ/T 141—2017 第 3.2.1 条。

3.2.1　钢板矩形风管的制作应符合下列规定：

1　矩形风管及其配件的板材厚度不应小于表 3.2.1 的规定。

表 3.2.1　钢板风管板材厚度（mm）

类别 长边尺寸 b	微压、低压系统风管	中压系统风管	高压系统风管	除尘系统风管
$b \leqslant 320$	0.50	0.50	0.75	2.00
$320 < b \leqslant 450$	0.50	0.60	0.75	2.00
$450 < b \leqslant 630$	0.60	0.75	1.00	3.00
$630 < b \leqslant 1000$	0.75	0.75	1.00	4.00
$1000 < b \leqslant 1500$	1.00	1.00	1.20	5.00
$1500 < b \leqslant 2000$	1.00	1.20	1.50	按设计
$2000 < b \leqslant 4000$	1.20	1.20	按设计	按设计

注：1　排烟系统风管钢板厚度可按高压系统风管钢板厚度选用；
　　2　不适用于地下人防及防火隔墙的预埋管。

2　镀锌钢板或彩色涂塑层钢板的拼接，应采用咬接或铆接，且不得有十字形拼接缝。

彩色钢板的涂塑面应设在风管内侧，加工时应避免损坏涂塑层，已损坏的涂塑层应进行修补。

3 焊接风管板面连接可采用搭接、角接和对接三种形式（图3.2.1-1）[①]。风管焊接前应除锈、除油。焊缝应熔合良好、平整，表面不应有裂纹、焊瘤、穿透的夹渣和气孔等缺陷，焊后的板材变形应矫正，焊渣及飞溅物应清除干净。壁厚大于1.2mm的风管与法兰连接可采用连续焊或翻边断续焊。管壁与法兰内口应紧贴，焊缝不得凸出法兰端面，断续焊的焊缝长度宜在30mm～50mm，间距不应大于50mm（图3.2.1-2）[①]。

4 除尘系统风管与法兰的连接宜采用内侧满焊、外侧间断焊，风管端面距法兰接口平面的距离不应小于5mm。

【分析】 按照《通风管道耐火试验方法》GB/T 17428—2009的要求，风管应在耐火完整性和耐火隔热性同时达到要求时才可以作为排烟风管。

风管的强度和严密性能是风管加工和制作质量的重要指标之一，是保证排烟系统正常运行的基础，而风管板材厚度是其强度的重要保障。在火灾时排烟系统风管内风速高、抽吸力大，为保证排烟系统的安全和运行的有效性、可靠性，应按高压系统来确定风管板材厚度，风管的允许漏风量可按中压系统进行测试。

7.2.27【问题】 地下车库内设有公交站台，是否可以按照车库划分防烟分区及计算排烟量？

【解答】 不应按照车库进行防火设计，应按《建筑防火通用规范》GB 55037—2022、《消防设施通用规范》GB 55036—2022、《建筑设计防火规范（2018年版）》GB 50016—2014及《建筑防烟排烟系统技术标准》GB 51251—2017进行防火设计。

【规范依据】 《建筑防火通用规范》GB 55037—2022第8.2.2条第7款、第8款和第8.2.5条。

8.2.2 除不适合设置排烟设施的场所、火灾发展缓慢的场所可不设置排烟设施外，工业与民用建筑的下列场所或部位应采取排烟等烟气控制措施：

7 公共建筑内建筑面积大于100m²且经常有人停留的房间；

8 公共建筑内建筑面积大于300m²且可燃物较多的房间。

8.2.5 建筑中下列经常有人停留或可燃物较多且无可开启外窗的房间或区域应设置排烟设施：

1 建筑面积大于50m²的房间；

2 房间的建筑面积不大于50m²，总建筑面积大于200m²的区域。

【分析】 地下车库内设有公交站台，通常是在公共场所，如：火车站地下车库、机

---

① 该图略。

场地下车库等，其使用功能及周边环境与普通地下车库有本质上的不同，这些场所往往在同一时间聚集人数达到人员密集状况，因此按照车库的防烟分区划分及排烟量计算是不合适且不安全的，而应按照《建筑防烟排烟系统技术标准》GB 51251—2017 的相关规定进行防烟分区划分及排烟量的计算。

7.2.28【问题】 《地铁设计防火标准》GB 51298—2018 第 8.4.7 条第 2 款规定：排烟管道不应穿越前室或楼梯间，必须穿越时，管道的耐火极限不应低于 2.00h。如果穿越部位设置土建夹层，排烟管道敷设于夹层内，排烟管道耐火极限如何考虑？

【解答】 土建夹层的耐火极限不低于 1.50h，夹层内敷设的排烟管道耐火极限不应低于 0.50h。

【规范依据】 《地铁设计防火标准》GB 51298—2018 第 8.4.7 条第 2 款。

8.4.7 用于防烟与排烟的管道、风口与阀门应符合下列规定：

2 排烟管道不应穿越前室或楼梯间，必须穿越时，管的耐火极限不应低于 2.00h。

《建筑设计防火规范（2018 年版)》GB 50016—2014 第 5.1.2 条、第 5.1.3 条。

5.1.2 民用建筑的耐火等级可分为一、二、三、四级，除本规范另有规定外，不同耐火等级建筑相应构件燃烧性能和耐火极限不应低于表 5.1.2[①] 的规定。

5.1.3 民用建筑的耐火等级应根据其建筑高度、使用功能、重要性和火灾扑救难度等确定，并应符合下列规定：

1 地下或半地下建筑（室）和一类高层建筑的耐火等级不应低于一级；

2 单、多层重要公共建筑和二类高层建筑的耐火等级不应低于二级。

《建筑防烟排烟系统技术标准》GB 51251—2017 第 4.4.8 条第 2 款～第 4 款。

4.4.8 排烟管道的设置和耐火极限应符合下列规定：

2 竖向设置的排烟管道应设置在独立的管道井内，排烟管道的耐火极限不应低于 0.50h。

3 水平设置的排烟管道应设置在吊顶内，其耐火极限不应低于 0.50h；当确有困难时，可直接设置在室内，但管道的耐火极限不应小于 1.00h。

4 设置在走道部位吊顶内的排烟管道，以及穿越防火分区的排烟管道，其管道的耐火极限不应小于 1.00h，但设备用房和汽车库的排烟管道耐火极限可不低于 0.50h。

【分析】 为确保楼梯间及前室的安全性，排烟管道不应穿越这些区域，当确有困难需穿越时，《地铁设计防火标准》GB 51298—2018 第 8.4.7 条已明确规定可采用耐火极限不低于 2.00h 的排烟管道，如需在该部位设置土建夹层，其排烟管道及敷设空间的整体防火性能应确保楼梯间及前室的安全，可借鉴管道井内排烟管道的敷设要求，一般管道井的

---

① 表 5.1.2 略，该表要求：一级耐火等级建筑楼板应为满足 1.50h 耐火极限的不燃性材料。

井壁耐火极限不低于 1.00h。为提高安全性，土建夹层板可参照《建筑设计防火规范（2018 年版)》GB 50016—2014 第 5.1.2 条、第 5.1.3 条对地下建筑防火分区间楼板的耐火极限要求，地下建筑楼板防火等级为一级，楼板的耐火极限不低于 1.50h，排烟管道尚需考虑耐火极限的要求。

7.2.29【问题】　承担两个及两个以上防烟分区的机械排烟系统，火灾排烟时，排烟风机的排烟量远大于一个防烟分区的排烟量，会造成该防烟分区的排烟管道和排烟口超速，此问题该如何解决？

【解答】　防烟分区的风管、风口均按照本防烟分区计算风量选取。在排烟系统设计时，一个排烟系统负担的防烟分区个数不宜过多，且避免将排烟量差异很大的防烟分区划分到一个排烟系统。

【规范依据】　《建筑防烟排烟系统技术标准》GB 51251—2017 第 4.6.4 条。

4.6.4　当一个排烟系统担负多个防烟分区排烟时，其系统排烟量的计算应符合下列规定：

1　当系统负担具有相同净高场所时，对于建筑空间净高大于 6m 的场所，应按排烟量最大的一个防烟分区的排烟量计算；对于建筑空间净高为 6m 及以下的场所，应按同一防火分区中任意两个相邻防烟分区的排烟量之和的最大值计算。

2　当系统负担具有不同净高场所时，应采用上述方法对系统中每个场所所需的排烟量进行计算，并取其中的最大值作为系统排烟量。

【分析】　根据《建筑防烟排烟系统技术标准》GB 51251—2017 第 4.6.4 条条文说明的计算参考案例，排烟风管的风量按照本防烟分区计算风量选取，同样，风口的尺寸也按照本防烟分区的计算风量设计。排烟系统运行时的实际风量受开启的排烟口数量及排烟风管路系统特性曲线与风机特性曲线的影响，应通过合理设计尽量避免出现超速的工况。

实际工程中，在排烟系统设计时，一个排烟系统所负担的防烟分区个数不宜过多，且避免将排烟量差异很大的防烟分区划分到一个排烟系统。

7.2.30【问题】　设置于地下的非机动车停放场所是否需要设置排烟系统？

【解答】　地下非机动车停放场所应设置排烟设施，排烟系统设计可参考《建筑防烟排烟系统技术标准》GB 51251—2017 第 4.6.3 条有关防烟分区排烟量计算的内容，防烟分区的划分参照《建筑防烟排烟系统技术标准》GB 51251—2017 第 4.2.4 条的相关规定。

【规范依据】　《建筑设计防火规范（2018 年版）》GB 50016—2014 第 8.5.4 条。

8.5.4　地下或半地下建筑（室）、地上建筑内的无窗房间，当总建筑面积大于 200m² 或一个房间建筑面积大于 50m²，且经常有人停留或可燃物较多时，应设置排烟设施。

《建筑防烟排烟系统技术标准》GB 51251—2017 第 4.6.3 条第 1 款。

4.6.3　除中庭外下列场所一个防烟分区的排烟量计算应符合下列规定：

1   建筑空间净高小于或等于 6m 的场所，其排烟量应按不小于 $60m^3/(h \cdot m^2)$ 计算，且取值不小于 $15000m^3/h$，或设置有效面积不小于该房间建筑面积 2% 的自然排烟窗（口）。

【分析】   目前国家尚未出台有关地下电动自行车停放（充电）场所的排烟设计规范或规定，相关排烟设计可参考《建筑设计防火规范（2018 年版）》GB 50016—2014、《建筑防烟排烟系统技术标准》GB 51251—2017 的相关规定。为保障安全，其防烟分区的面积可控制在 $500m^2$ 以内。

7.2.31【问题】   住宅地下室主楼投影部分，一个防火分区被车库连通通道分割为几个区域，排烟、补风系统如何设置？

【解答】   住宅地下室机械排烟及补风系统的设置原则是按照不同防火分区独立设置。住宅地下室存在被连通通道分为多个区域的情况，属于同一防火分区时，允许采用同一个排烟（补风）系统共同负担这些区域的排烟或补风，但由于连通通道的防火隔断原因，各个区域内不应通过连通通道间接排烟和补风。

【规范依据】   《汽车库、修车库、停车场设计防火规范》GB 50067—2014 第 6.0.7 条。

6.0.7   与住宅地下室相连通的地下汽车库、半地下汽车库，人员疏散可借用住宅部分的疏散楼梯；当不能直接进入住宅部分的疏散楼梯间时，应在汽车库与住宅部分的疏散楼梯之间设置连通走道，走道应采用防火隔墙分隔，汽车库开向该走道的门均应采用甲级防火门。

《消防设施通用规范》GB 55036—2022 第 11.3.3 条第 1 款、第 11.3.6 条。

11.3.3   机械排烟系统应符合下列规定：

1   沿水平方向布置时，应按不同防火分区独立设置。

11.3.6   除地上建筑的走道或地上建筑面积小于 $500m^2$ 的房间外，设置机械排烟系统的场所应能直接从室外引入空气补风，且补风量和补风口的风速应满足排烟系统有效排烟的要求。

【分析】   根据《汽车库、修车库、停车场设计防火规范》GB 50067—2014 第 6.0.7 条的规定，设置连通通道的目的是借用住宅的疏散楼梯和方便使用，通道部分原则上划归住宅地下室防火分区。

如果该通道将住宅地下室分隔的多个区域属于住宅地下室同一防火分区，排烟及补风系统的设置原则除了应执行《消防设施通用规范》GB 55036—2022 第 11.3.3 条第 1 款和第 11.3.6 条的规定外，尚应考虑连通通道的防火隔断措施对烟气、补风气流的影响，不应通过通道间接排烟和补风，各个区域应该各自设置排烟口和补风口。该连通通道若需设置机械排烟，通道区域内也应设置相应的排烟口及补风口。

7.2.32【问题】 钢板排烟风管若采用耐火隔热材料包覆的做法满足耐火极限要求，在有可燃物的吊顶内还需要再增加外包不小于 40mm 的隔热材料吗？

【解答】 金属排烟风管厚度采用不小于 40mm 的耐火隔热材料包覆时，无须再增加隔热措施，满足耐火极限要求即可。

【规范依据】 《建筑防烟排烟系统技术标准》GB 51251—2017 第 4.4.9 条、第 6.3.1 条第 5 款。

4.4.9 当吊顶内有可燃物时，吊顶内的排烟管道应采用不燃材料进行隔热，并应与可燃物保持不小于 150mm 的距离。

6.3.1 金属风管的制作和连接应符合下列规定：

5 排烟风管的隔热层应采用厚度不小于 40mm 的不燃绝热材料，绝热材料的施工及风管加固、导流片的设置应按现行国家标准《通风与空调工程施工质量验收规范》GB 50243 的有关规定执行。

【分析】 《建筑防烟排烟系统技术标准》GB 51251—2017 第 4.4.8 条条文说明提到，对于管道的耐火极限的判定必须按照现行国家标准《通风管道耐火试验方法》GB/T 17428 的测试方法，当耐火完整性和隔热性同时达到要求时，方能视作风管耐火极限达到要求。由于吊顶内金属排烟风管本身就采用厚度不小于 40mm 的耐火隔热材料包覆，且满足规范规定的耐火极限要求，因此，金属排烟风管在有可燃物的吊顶内无须再增加隔热措施。

7.2.33【问题】 净高不大于 3m 的走道通过竖井排烟，安装在侧墙上的多叶排烟口是否需要增加排烟防火阀，还是必须在井道内安装"双阀"（排烟防火阀+ 排烟阀)？

【解答】 安装在侧墙上的走道排烟口，可采用两种方式：（1）排烟防火阀＋多叶排烟口；（2）排烟防火阀＋排烟阀＋单层百叶风口。排烟阀或排烟口均应在现场设置手动开启装置及排烟阀或排烟口检修门（口）。

【规范依据】 《消防设施通用规范》GB 55036—2022 第 11.3.5 条第 1 款。

11.3.5 下列部位应设置排烟防火阀，排烟防火阀应具有在 280℃时自行关闭和联锁关闭相应排烟风机、补风机的功能：

1 垂直主排烟管道与每层水平排烟管道连接处的水平管段上。

【分析】 根据《消防设施通用规范》GB 55036—2022 第 11.3.5 条，垂直风管与每层水平风管交接处的水平管段上应设置排烟防火阀，以防止火灾通过排烟管道蔓延到其他区域。

安装在侧墙上的多叶排烟口需增设排烟防火阀，风阀设置在井道内，需要关注的是预留足够的阀门及风口（阀门及电动风口安装空间约 320mm）安装空间。

由于设置在侧墙上排烟口存在不美观或不便于安装及检修复位的缺点，建议实际工程中尽量将排烟支管上的排烟防火阀及排烟阀设置吊顶空间，烟气由走廊顶部排入竖井内排烟管道。

7.2.34【问题】 设置电动自然排烟窗的场所，手动开启装置采用电动按钮，是否同时需要消控中心联动控制？

【解答】 对于净空高度大于9m的中庭、建筑面积大于2000m²的营业厅、展览厅、多功能厅等场所及设置屋顶自然排烟窗（口）的厂房、仓库，应做消防联动控制；其余设置电动自然排烟窗的场所，可不做消防联动控制。

【规范依据】 《建筑防烟排烟系统技术标准》GB 51251—2017第4.3.4条第2款、第4.3.6条、第5.2.6条、第7.3.3条。

4.3.4 厂房、仓库的自然排烟窗（口）设置尚应符合下列规定：

2 当设置在屋顶时，自然排烟窗（口）应在屋面均匀设置且宜采用自动控制方式开启；当屋面斜度小于或等于12°时，每200m²的建筑面积应设置相应的自然排烟窗（口）；当屋面斜度大于12°时，每400m²的建筑面积应设置相应的自然排烟窗（口）。

4.3.6 自然排烟窗（口）应设置手动开启装置，设置在高位不便于直接开启的自然排烟窗（口），应设置距地面高度1.3m～1.5m的手动开启装置。净空高度大于9m的中庭、建筑面积大于2000m²的营业厅、展览厅、多功能厅等场所，尚应设置集中手动开启装置和自动开启设施。

5.2.6 自动排烟窗可采用与火灾自动报警系统联动和温度释放装置联动的控制方式。当采用与火灾自动报警系统自动启动时，自动排烟窗应在60s内或小于烟气充满储烟仓时间内开启完毕。带有温控功能自动排烟窗，其温控释放温度应大于环境温度30℃且小于100℃。

7.3.3 自动排烟窗的联动调试方法及要求应符合下列规定：

1 自动排烟窗应在火灾自动报警系统发出火警信号后联动开启到符合要求的位置；

2 动作状态信号应反馈到消防控制室。

【分析】 设置自动开启或自动控制方式开启的自然排烟窗为自动排烟窗，要求设置自动排烟窗的场所有：净空高度大于9m的中庭、建筑面积大于2000m²的营业厅、展览厅、多功能厅等场所及设置屋顶自然排烟窗（口）的厂房、仓库，其电动排烟窗应采用火灾自动报警系统联动的自动控制方式。

7.2.35【问题】 排烟阀或排烟口的远程手动开启装置的钢丝线缆长度一般为6m，对于高大空间线缆长度无法满足将手动开启装置设置在距地1.3～1.5m处时，该如何解决？

【解答】 高大空间的排烟阀或排烟口的手动装置可采用电动方式来控制，该排烟阀或排烟口应带有伺服电机装置。电动开启（复位）按钮设置在距地1.3～1.5m处。

【规范依据】 《建筑防烟排烟系统技术标准》GB 51251—2017 第 4.4.12 条第 4 款、第 5.2.3 条。

4.4.12 ……，排烟口的设置尚应符合下列规定：

4 火灾时由火灾自动报警系统联动开启排烟区域的排烟阀或排烟口，应在现场设置手动开启装置。

5.2.3 机械排烟系统中的常闭排烟阀或排烟口应具有火灾自动报警系统自动开启、消防控制室手动开启和现场手动开启功能，其开启信号应与排烟风机联动……

【分析】 钢缆绳是解决阀体离手摇装置比较近时的机械手动方案，对于高大空间，排烟阀或排烟口设置的位置高、距地远，应采用带有伺服电机装置的排烟阀或排烟口，地面手动开启装置通过控制线直接开启排烟阀或排烟口，做法参照《〈建筑防烟排烟系统技术标准〉图示》15K606 中 3.2.4 图示 b。

7.2.36【问题】 排烟风管采用镀锌钢板安装于室内时需要满足耐火极限 1.00h 的要求，是否可以采用刷防火涂料的方式作为防火保护措施？

【解答】 排烟管道采用金属风管时，仅刷防火涂料不能满足耐火极限 1.00h 的要求，不能将其作为防火保护措施。

【规范依据】 无。

【分析】 《建筑防烟排烟系统技术标准》GB 51251—2017 第 4.4.8 条条文说明要求：对于管道的耐火极限的判定必须按照现行国家标准《通风管道耐火试验方法》GB/T 17428 的测试方法，当耐火完整性和隔热性同时达到要求时，方能视作符合要求。因此金属排烟风管的隔热层应采用厚度不小于 40mm 的不燃绝热材料，目前普遍认为刷防火涂料不能满足隔热性要求，即耐火极限不能满足规范要求。

7.3 通风空调防火措施

7.3.1【问题】 如何判定通风、空气调节系统的风管在穿越房间隔墙处应设置 70℃防火阀？

【解答】 依据建筑平面，对于设有甲、乙级防火门的房间，其隔墙属于防火隔墙，通风、空气调节系统的风管穿越这类房间的隔墙、楼板时，应设 70℃防火阀。

【规范依据】 《建筑防火通用规范》GB 55037—2022 第 6.3.5 条。

6.3.5 通风和空气调节系统的管道、防烟与排烟系统的管道穿过防火墙、防火隔墙、楼板、建筑变形缝处，建筑内未按防火分区独立设置的通风和空气调节系统中的竖向风管与每层水平风管交接的水平管段处，均应采取防止火灾通过管道蔓延至其他防火分隔区域的措施。

【分析】 房间设置甲、乙级防火门，目的就是防止火灾通过门蔓延到建筑内的其他空间或其他空间的火灾蔓延到该房间，而通风和空气调节系统的风管是建筑内部火灾蔓延的途径之一。因此，对于设有甲、乙级防火门的房间，其隔墙均视为防火隔墙，通风、空气调节系统的风管在穿越该房间隔墙和楼板时，均应设70℃防火阀，以防止火势通过风管蔓延。目前设计中此问题较多，应特别注意。

7.3.2【问题】　燃气辐射供暖应用于戊类生产厂房时，其火灾危险性是否保持不变？

【解答】　采用燃气红外线辐射供暖的戊类生产厂房，其火灾危险性仍为戊类生产厂房。

【规范依据】　《建筑设计防火规范（2018年版）》GB 50016—2014第3.1.1条。

3.1.1　生产的火灾危险性应根据生产中使用或产生的物质性质及其数量等因素划分，可分为甲、乙、丙、丁、戊类，并应符合表3.1.1的规定。

表3.1.1　生产的火灾危险性分类

生产的火灾危险性类别	使用或产生下列物质生产的火灾危险性特征
甲	1. 闪点小于28℃的液体； 2. 爆炸下限小于10％的气体； 3. 常温下能自行分解或在空气中氧化能导致迅速自燃或爆炸的物质； 4. 常温下受到水或空气中水蒸气的作用，能产生可燃气体并引起燃烧或爆炸的物质； 5. 遇酸、受热、撞击、摩擦、催化以及遇有机物或硫黄等易燃的无机物，极易引起燃烧或爆炸的强氧化剂； 6. 受撞击、摩擦或与氧化剂、有机物接触时能引起燃烧或爆炸的物质； 7. 在密闭设备内操作温度不小于物质本身自燃点的生产
乙	1. 闪点不小于28℃，但小于60℃的液体； 2. 爆炸下限不小于10％的气体； 3. 不属于甲类的氧化剂； 4. 不属于甲类的易燃固体； 5. 助燃气体； 6. 能与空气形成爆炸性混合物的浮游状态的粉尘、纤维、闪点不小于60℃的液体雾滴
丙	1. 闪点不小于60℃的液体； 2. 可燃固体
丁	1. 对不燃烧物质进行加工，并在高温或熔化状态下经常产生强辐射热、火花或火焰的生产； 2. 利用气体、液体、固体作为燃料或将气体、液体进行燃烧作其他用的各种生产； 3. 常温下使用或加工难燃烧物质的生产
戊	常温下使用或加工不燃烧物质的生产

【分析】　生产的火灾危险性分类，不应因冬季供暖方式的变化而变化。一般要分析整个生产过程中的每个环节是否有引起火灾的可能性。戊类火灾危险性的生产特性为生产中使用或加工的液体或固体物质在空气中受到火烧时不着火、不微燃、不碳化，不会因使用的原料或成品引起火灾，且厂房内为常温环境，如制砖、石棉加工、机械装配等。

燃气红外线辐射供暖系统对于燃气系统采取了相关的安全措施：当工作区发出故障信号时能自动关闭供暖系统，同时连锁关闭燃气系统入口处的总阀门，以保证安全。厂房采用机械进、排风时，为了保证燃烧器所需的空气量，通风机应与供暖系统连锁工作，并确保通风机不工作时，供暖系统不能开启。

7.3.3【问题】 通风管道能否穿越疏散楼梯间、前室或避难层的避难区为其他区域送风、排风？如果可以，应采取哪些措施？排烟风管及排油烟风管能否穿越疏散楼梯间？

【解答】 通风管道不应穿越疏散楼梯间、前室或避难层的避难区为其他区域送风、排风。排烟风管及排油烟风管不应穿越疏散楼梯间。

【规范依据】 无。

【分析】 疏散楼梯间和前室的墙应采用耐火极限不低于2.00h的不燃性材料与其他区域分隔。根据管道介质本身的防火性质，避难层（间）要求采用耐火极限为3.00h或2.00h的防火隔墙与其他区域分隔。这些措施和要求都是为了保障在一定时间内疏散楼梯间、前室、避难层（间）的安全。当建筑物发生火灾时，疏散楼梯间是建筑物内部人员疏散的通道，同时，前室、合用前室是消防人员进行火灾扑救的起始场所，避难层（间）是人员暂时躲避火灾及其烟气危害的楼层（房间）。因此，在火灾时首要的就是控制烟气进入上述安全区域。在楼梯间、前室、避难层（间）的隔墙上穿越与之无关的风管，隔墙完整性被破坏，区域的安全性会受到影响。因此，通风管道不应穿越楼梯间、前室或避难层的避难区为其他区域送风、排风。排烟风管及排油烟风管不应穿越楼梯间。难以避免时，应采取加强型防火保护措施，如设置符合耐火极限要求的隔墙、楼板等。

7.3.4【问题】 多个相邻房间合用一个气体灭火系统，且排风主管穿越各个房间，防火阀应设置在每个房间的支管上还是设置在主管穿越各房间防火隔墙处？

【解答】 风管穿越房间防火隔墙处均应设置防火阀，与是主风管还是支风管无关。

【规范依据】 《建筑防火通用规范》GB 55037—2022 第6.3.5条。

6.3.5 通风和空气调节系统的管道、防烟与排烟系统的管道穿过防火墙、防火隔墙、楼板、建筑变形缝处，建筑内未按防火分区独立设置的通风和空气调节系统中的竖向风管与每层水平风管交接的水平管段处，均应采取防止火灾通过管道蔓延至其他防火分隔区域的措施。

【分析】 设置气体灭火的场所一般为重要的机房、贵重设备室、珍藏室、档案库等。这些场所采用防火墙、防火隔墙及楼板与其他区域分隔，墙上设置甲、乙级防火门、窗。灭火后，防护区的通风换气系统开始运行，其风管上设置防火阀是为了防止火灾通过管道蔓延至其他防火分隔区域，与主风管或支管无关，与风管穿越的位置有关。

8 人防通风

8.1 防护通风

8.1.1【问题】 《人民防空工程防化设计规范》RFJ 013—2010 第 5.1.1 条、第 5.1.2 条、第 5.2.2 条第 3 款、第 5.2.6 条、第 5.2.7 条等条款，对人防设备的选型不同于《人民防空地下室设计规范（2023 年版）》GB 50038—2005 的要求，如何执行？

【解答】 《人民防空工程防化设计规范》RFJ 013—2010 于 2010 年 10 月 1 日实施，《人民防空地下室设计规范（2023 年版）》GB 50038—2005 于 2024 年 5 月 1 日实施，二者互为补充，均应严格执行。

【规范依据】 《人民防空工程防化设计规范》RFJ 013—2010 表 3、第 5.1.1 条、第 5.1.2 条、第 5.2.2 条第 3 款、第 5.2.6 条、第 5.2.7 条。

表 3 人防工程防化等级和出入口数量

工程类别		防化级别	出入口数量	
			主要	次要
指挥工程	一、二、三等	甲	1～2	1～2
	四等	乙	1	1～2
医疗救护工程		乙	1～2	1～2
防空专业队人员掩蔽工程		乙	1～2	1～2
人员掩蔽工程	一等	乙	1	1～2
	二等	丙	1	1～2
配套工程	核生化监测中心	甲	1	1～2
	食品站、生产车间、区域供水站	乙	1	1～2
	区域电站控制室	丙	1	1～2
	交通干（支）道及连接通道	丁	1	1～2
	其他配套工程	丁	1	1～2
轨道交通工程地下车站[1]		丙或丁	1	1～2

注 1：作为人员紧急掩蔽场所的轨道交通工程地下车站宜为防化丙级。

5.1.1 滤毒通风防护指标应符合表 5.1.1 规定。

表 5.1.1 滤毒通风防护指标

防化级别		滤毒风量 $m^3/p \cdot h$	最小防毒通道换气次数 h^{-1}	最低主体超压 Pa	毒剂防护剂量 mg·min/L		VX 气溶胶	
					沙林	氯化氢	透过率%	防护剂量 mg·min/L
甲		7～10	60～80	70～100	≥288	≥240	≤0.001	18
乙	Ⅰ	5～7	50～60	50～70	≥144	—	≤0.005	12
	Ⅱ	3～5						
丙		2～3	40～50	30	≥144	—	≤0.005	6

注：1 Ⅰ为四等指挥工程、医疗救护工程和防空专业队人员掩蔽工程。
2 Ⅱ为一等人员掩蔽工程和食品站、生产车间、区域供水站。

5.1.2 滤尘器室、滤毒器室的换气次数每小时不应小于 15 次。防化化验室换气次数每小时不应小于 8 次。

5.2.2 进风系统设计应符合下列规定：

    3 滤毒式进风风机前应设风量测量装置，见图 5.2.9-1。①

5.2.6 滤毒进风机的选择应满足：

    1 风机风量≥1.2×工程滤毒进风量；

    2 风机全压≥1.2×滤毒进风系统阻力*。

    注：* 滤毒通风设备的阻力按终阻力计算；滤毒式进风机兼作送风机时计入工程超压值和送风系统阻力。

5.2.7 滤尘、滤毒设备的选择应符合以下规定：

    1 符合本规范表 5.1.1 中对应防化级别的防毒种类与指标要求；

    2 单台器材额定风量乘以台数大于工程滤毒进风量；

    3 人防工程选用的防化设备应是经国家人民防空办公室认证、具有人防专用设备生产资质厂家生产并经相关检验机构检验合格的产品。

《人民防空地下室设计规范（2023 年版）》GB 50038—2005 第 5.2.2 条、第 5.2.6 条。

5.2.2 防空地下室室内人员的战时新风量应符合表 5.2.2 的规定。

表 5.2.2 室内人员战时新风量 ［m³/(人·h)］

防空地下室类别	清洁通风	滤毒通风
医疗救护工程	≥15	≥5
防空专业队队员掩蔽部、生产车间	≥10	≥5
一等人员掩蔽所、食品站、区域供水站、电站控制室	≥10	≥3
二等人员掩蔽所	≥5	≥2
其他配套工程	≥3	—

注：物资库的清洁式通风量可按清洁区的换气次数 1h⁻¹～2h⁻¹ 计算。

5.2.6 设计滤毒通风时，防空地下室清洁区超压和最小防毒通道换气次数应符合表 5.2.6 的规定。

表 5.2.6 滤毒通风时的防毒要求

防空地下室类别	最小防毒通道换气次数 (h⁻¹)	清洁区超压 (Pa)
医疗救护工程、专业队队员掩蔽部、一等人员掩蔽所、生产车间、食品站、区域供水站	≥50	≥50
二等人员掩蔽所、电站控制室	≥40	≥30

【分析】 《人民防空工程防化设计规范》RFJ 013—2010 和 《人民防空地下室设计规

---

① 图 5.2.9-1 略。

范（2023年版）》GB 50038—2005对人防设备选型的原则基本相同，前者规定丙类防化级别最小防毒通道换气次数为40～50h^{-1}，后者规定二等人员掩蔽所最小防毒通道换气次数大于等于40h^{-1}。《人民防空工程防化设计规范》RFJ 013—2010第3章规定，二等人员掩蔽所防化级别为丙级，在选取参数上按此规范执行。

8.1.2【问题】 战时人防进、排风系统设置手动密闭阀门还是手、电动两用密闭阀门？染毒区内是否均需要采用手电动密闭阀？战时进风系统，密闭阀门能否设在立管上？

【解答】 沿气流方向，进风管段第一道密闭阀门；排风管段第二道密闭阀门在防化级别为甲、乙级的工程中应为手、电动密闭阀门，在防化级别为丙级的工程中宜为手、电动两用密闭阀门。

染毒区内的进、排风管道的最外一道密闭阀门采用手、电动两用密闭阀门。

密闭阀门多数情况应靠近防护墙设置，一般不建议设置在立管上，但个别位置密闭阀门不要求靠近防护墙设置时，如二等人员掩蔽所防毒通道内，接防毒通道换气的支风管上的密闭阀门可以在立管上设置。

【规范依据】 《人民防空工程防化设计规范》RFJ 013—2010第5.2.10条。

5.2.10 沿气流方向，进风管段第一道密闭阀门、排风管段第二道密闭阀门均宜靠近扩散室设置，且防化级别为甲、乙级的工程应为手、电动密闭阀门，防化级别为丙级的工程宜为手、电动两用密闭阀门。

【分析】 防化级别为甲、乙级的工程应严格执行《人民防空工程防化设计规范》RFJ 013—2010第5.2.10条的规定。对于防化级别为丙级的工程，特定位置优先采用手、电动两用密闭阀门。手、电动两用密闭阀门是断电情况下可手动操作的，与是否有内部电源无关，规范中用"宜"，如果条件允许，首先应这样做。常规项目基本有条件，没有理由不设置，实际属于应使用的设备。施工图审查或者质监、验收等提出的"宜"的内容，设计人员应积极修改。其余安装高度超过1.8m的也宜选用手、电动两用密闭阀门。

另外，《人民防空工程防化设计规范》RFJ 013—2010第5.2.10条条文说明提出：进、排风管道的最外一道密闭阀门靠外设置是为了减少染毒管段的长度，保证工程的安全性。另外，这两道密闭阀门位于染毒区，如果只设手动阀门，在战时就必须有人员到染毒区去关闭阀门，这样会给人员的安全造成一定威胁。与电动阀门的关闭速度相比，由人员去关闭阀门速度要慢得多，这就增加了有毒物质的进入量，使工程内部的空气染毒。考虑以上因素，提出设置手、电动密闭阀门。因此，要求染毒区内的进、排风管道的最外一道密闭阀门采用手、电动两用密闭阀门，以减少人员到染毒区去关闭阀门的安全威胁，并能快速响应关闭动作，更有效减少内部空气染毒。

8.1.3【问题】 六级人防人员掩蔽所与人防电站分别设置防毒通道时，滤毒风量必须同时

满足两个防毒通道换气次数 $40h^{-1}$ 的要求吗?

【解答】 六级人防人员掩蔽所与人防电站分别设置防毒通道时,滤毒风量应同时满足两个防毒通道换气次数 $40h^{-1}$ 的要求。

【规范依据】 《人民防空地下室设计规范(2023 年版)》GB 50038—2005 第 5.2.6 条。

5.2.6 设计滤毒通风时,防空地下室清洁区超压和最小防毒通道换气次数应符合表 5.2.6 的规定。

表 5.2.6 滤毒通风时的防毒要求

防空地下室类别	最小防毒通道换气次数 (h^{-1})	清洁区超压 (Pa)
医疗救护工程、专业队队员掩蔽部、一等人员掩蔽所、生产车间、食品站、区域供水站	≥50	≥50
二等人员掩蔽所、电站控制室	≥40	≥30

【分析】 人员掩蔽所与人防电站分别设置防毒通道时,人员掩蔽所滤毒风量应同时满足两个防毒通道换气次数 $40h^{-1}$ 的要求,施工图设计时应考虑同时使用的情况,应配合建筑专业尽量缩小防毒通道的体积。相关主管部门对人员掩蔽所滤毒风量解释如下:对带有移动电站或者空调机室外机组的工程,滤毒进风计算中应计入所有对外排风量,否则计算换气次数的实际偏高,会导致工程局部处于负压状态,染毒空气进入人防工程。

8.1.4【问题】 设有滤毒通风的防空地下室,应在防化通信值班室内设置测压装置,测压管的室外端应设置在室外空气零点压力处,《人民防空地下室设计规范(2023 年版)》GB 50038—2005 中的零压点如何定义?测压管的室外端是否可以接至战时不使用的风井或楼梯间,是否预埋至前室或人防外方便测量区域即可?

【解答】 人防工程区域外无空气压力值要求,可认为室外空气相对于人防工程室内是压力值零点处。测压管的室外端不应设置在风井内,可以预埋接至有防倒塌措施的人防外楼梯间或前室。

【规范依据】 《人民防空地下室设计规范(2023 年版)》GB 50038—2005 第 5.2.17 条。

5.2.17 设有滤毒通风的防空地下室应在防化通信值班室设置测压装置。该装置可由倾斜式微压计、连接软管、铜球阀和通至室外的测压管组成。测压管应采用 $DN15$ 热镀锌钢管,其一端在防化通信值班室通过铜球阀、橡胶软管与倾斜式微压计连接,另一端则引至室外空气零点压力处,但不得设置在通风竖井或通风采光窗井内,且管口向下(图 5.2.17)①。

【分析】 为战时准确测量压差,测压管室外端的设置位置应保证战时不倒塌。不能接入人防区域外无防倒塌措施的楼梯间及前室、风井等,但可接入人防外有防倒塌措施的

① 图 5.2.17略。

楼梯间及前室。

8.1.5【问题】 清洁式通风设备中，风机和油网滤尘器选型是否均要考虑乘以 1.1 的系数；《防空地下室通风设备安装》07FK02 中油网滤尘器的选型，风量应按多少取值？

【解答】 清洁风机选型，可考虑 1.1 的安全系数；滤毒风机应考虑 1.2 的安全系数。油网过滤器应按每块风量不大于 1200m³/h 选型为宜；但对于电站油网过滤器风量范围的选择，在电站送风机全压不小于 500Pa 的前提下，可按每块风量不大于 1600m³/h 选型。

【规范依据】 《人民防空工程防化设计规范》RFJ 013—2010 第 5.2.6 条。

5.2.6 滤毒进风机的选择应满足：

1 风机风量≥1.2×工程滤毒进风量；

2 风机全压≥1.2×滤毒进风系统阻力*。

注：*滤毒通风设备的阻力按终阻力计算；滤毒式进风机兼作送风机时计入工程超压值和送风系统阻力。

【分析】 对于滤毒风机选型安全系数，《人民防空工程防化设计规范》RFJ 013—2010 中有规定；对于清洁风机选型，安全系数取多少，规范中没有规定，一般按照暖通空调专业风机选型原则，考虑 1.1 的安全系数为宜。人员掩蔽所进风管路较长，压力损失较大，油网过滤器按每块风量不大于 1200m³/h 选型为宜，此风量下压力损失较小；电站进风管路较短，压力损失较小，在电站送风机全压不小于 500Pa 的前提下，可按每块风量不大于 1600m³/h 选型。

8.1.6【问题】 防空地下室战时是否可以采用多联机空调系统？冷媒管穿越人防密闭墙应如何处理？

【解答】 冷媒（制冷剂）管道不能穿越人防密闭墙。防空地下室不应设计冷媒管穿越密闭墙的空调系统。

【规范依据】 无。

【分析】 在人防内侧设防护阀门的条件下，冷热水管道可以穿越人防密闭墙，冷媒管由于无法设置防护阀门，不能保证防护密闭墙防护密闭的功效，因此，人防工程不得采用冷媒管穿越人防密闭墙的空调系统。特殊人防工程（如人防医疗救护站）设置空调时，室外机需要设置在专门的室外机防护区内，室外机的进、排风均需通过扩散室，冷媒系统在防护区内与冷热水系统换热，冷热水管道可穿越人防密闭墙（穿越处内侧需设防护阀门）。

8.1.7【问题】 六级人防通风工程设计中，两个防护单元是否可以共用一个通风竖井？地下室两层人防出入口部是否可以合用出地面风井？

【解答】 为两个相邻或上下层的人防防护单元服务的通风竖井，当满足通风量的截面面积要求，且使用功能一致（竖井同为送风或同为排风）时，可以共用。

【规范依据】 无。

【分析】 人防防护区以外的通风竖井，两个防护单元要共用时，其截面积应满足两个防护单元同时使用的要求，但不能同时用于一个防护单元送风和另一个防护单元排风。

当人防工程设柴油发电机房时，根据《人民防空地下室设计规范（2023 年版）》GB 50038—2005 第 3.4.1 条，柴油发电机组的排风竖井和排烟竖井不得与其他相邻防护单元的战时通风竖井合用。

8.1.8【问题】 《人民防空工程防化设计规范》RFJ 013—2010 第 8.0.1 条中要求的空气放射性监测和空气染毒监测装置是否需要设置，能否前期预留或战时安装？隔绝式防护防化指标、滤毒通风防护指标、空气染毒监测设备、人防工程空气质量监测装置等防化指标、检测设备是否都需要在图纸中说明并全部设计？

【解答】 不同防化级别的人防工程设计要求不同，《人民防空工程防化设计规范》RFJ 013—2010 第 8.0.1 条中要求应设的监测设备，设计与施工均应安装到位；对于规范不要求采用自动监测方式的防护工程，空气质量监测仪、空气染毒监测及放射性监测装置均为便携式，不使用时均可放置于防化器材室内，并在取样点处就近预留电源。

隔绝式防护防化指标、滤毒通风防护指标等内容，如果设计指标高于《人民防空工程防化设计规范》RFJ 013—2010 的要求，施工图中应详细说明；如果设计防化指标与《人民防空工程防化设计规范》RFJ 013—2010 的要求完全相同，施工图中可简化说明，明确需执行的具体条文即可。

【规范依据】 《人民防空工程防化设计规范》RFJ 013—2010 第 4.1.1 条、第 5.1.1 条、第 8.0.1 条。

4.1.1 隔绝式防护防化指标应符合表 4.1.1 规定。

表 4.1.1 隔绝式防护防化指标

防化级别	隔绝时间 h	CO_2 浓度 V ％	O_2 浓度 V ％	CO 浓度 mg/m³	沙林浓度 mg/L
甲	≥8	≤1.5	≥19	≤20	≤2.0×10⁻⁶
乙	≥6	≤2.0	≥18.5	≤30	≤2.8×10⁻⁶
丙	≥3	≤2.5	≥18	≤40	≤5.6×10⁻⁶
丁	≥2	≤3.0	—	—	—

注：医疗救护工程 CO_2 浓度和 O_2 浓度指标宜采用甲级标准

5.1.1 滤毒通风防护指标应符合表 5.1.1 规定。

8.0.1 防化级别为甲、乙级的工程应设置空气放射性监测和空气染毒监测。防化级别为丙级的工程宜设空气放射性监测和空气染毒监测。防化级别为甲级、乙级、丙级及丁级的工程应设置空气质量监测。

表 5.1.1　滤毒通风防护指标

防化级别		滤毒风量 m³/p·h	最小防毒通道换气次数 h⁻¹	最低主体超压 Pa	毒剂防护剂量 mg·min/L		VX 气溶胶	
					沙林	氯化氢	透过率%	防护剂量 mg·min/L
甲		7～10	60～80	70～100	≥288	≥240	≤0.001	18
乙	I	5～7	50～60	50～70	≥144	—	≤0.005	12
	II	3～5						
丙		2～3	40～50	30	≥144	—	≤0.005	6

注：1　I 为四等指挥工程、医疗救护工程和防空专业队人员掩蔽工程。
　　2　II 为一等人员掩蔽工程和食品站、生产车间、区域供水站。

【分析】　人防工程平战转换的建设、实施，应根据不同的防护要求按如下规定执行：人民防空指挥工程，一、二等医疗救护工程，核生化监测中心平时不得预留平战转换内容，必须与工程同步设计、施工安装到位；人防工程专业队工程、三等医疗救护工程、一等人员掩蔽工程以及食品库、药品库，除战时淋浴器和加热设备、三等医疗救护工程的轻质隔墙可预留外，其余均须与工程同步设计、施工安装到位；二等人员掩蔽工程和其他人防配套工程，除发电站发电机组、战时淋浴器和加热设备、影响平时使用的战时水箱、干厕可预留外，其余均须与工程同步设计、施工安装到位。

在设计说明中明确防化设计原则、措施及相关规范条文，应结合实际工程的情况列出相关的设计参数，不能仅抄录规范条文。

8.1.9【问题】　密闭阀门安装时，预埋短管直径如何确定？

【解答】　密闭阀门安装时，预埋短管直径应与阀门实际内径相一致。双连杆型密闭阀门内径应按《人民防空工程质量验收与评价标准》RFJ 01—2015 第 11.7.6 条相应的尺寸表预埋。

【规范依据】　《人民防空工程质量验收与评价标准》RFJ 01—2015 第 11.7.6 条。

11.7.6　密闭阀门安装时，预埋短管直径应与阀门实际内径相一致。双连杆型密闭阀门主要尺寸应符合表 11.7.6-1 的规定。D40J－0.5 型密闭阀门主要尺寸应符合表 11.7.6-2 的规定。

表 11.7.6-1　双连杆型密闭阀门主要尺寸表（mm）

阀门规格（公称直径）	阀门实际内径	阀门长度
DN200	200	152
DN300	300	170
DN400	400	216
DN500	500	229
DN600	664	275
DN800	860	300
DN1000	1100	380

表 11.7.6-2　D40J-0.5 型密闭阀门主要尺寸表（mm）

阀门规格（公称直径）	阀门实际内径	阀门长度
DN150	166	92
DN200	215	118
DN300	315	145
DN400	441	175
DN500	560	225
DN600	666	275
DN800	870	290
DN1000	1090	300

检验方法　尺量检查。

【分析】　《防空地下室通风设备安装》07FK02 推荐的双连杆手电动密闭阀门接管内径尺寸与《人民防空工程质量验收与评价标准》RFJ 01—2015 第 11.7.6 条相应尺寸表不一致，应按《人民防空工程质量验收与评价标准》RFJ 01—2015 执行。

8.2　柴油电站通风

8.2.1【问题】　防空地下室物资库、柴油电站的进风是否应设油网滤尘器、除尘室等?

【解答】　防空地下室物资库只考虑清洁式通风和隔绝式通风，需设置粗效过滤器，进风量大于管式安装四合一油网过滤器的额定风量时，需要设置除尘室。人防电站进风根据当地人防审查要求，确认是否设置油网过滤器及除尘室，建议设置。

【规范依据】　《人民防空地下室设计规范（2023 年版）》GB 50038—2005 第 5.2.8 条第 3 款。

5.2.8　防空地下室的战时进风系统应符合下列规定：

3　设有清洁、隔绝两种防护通风方式，进风系统应按原理图 5.2.8（c）进行设计；

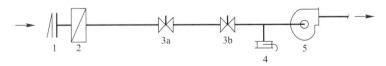

(c) 只设清洁通风的进风系统

图 5.2.8　防空地下室进风系统原理示意图

1—消波设施；2—油网滤尘器；3—密闭阀门；4—插板阀；5—通风机

【分析】　《人民防空地下室设计规范（2023 年版）》GB 50038—2005 图 5.2.8 中明确表达了油网滤尘器的设置，实际工程中大多数物资库进风量较大（大于管式安装四合一油网滤尘器的额定风量），故设除尘室。

人防柴油电站进风是否设置油网滤尘器及除尘室，规范中没有明确要求。《防空地下室移动柴油电站》07FJ05 中未设置，而《〈人民防空地下室设计规范〉图示——通风专业》05SFK10 中有油网滤尘器的设置示意。各地人防设计审查的要求也不尽相同，建议施工图设计之前征求人防审查机构的意见，以确定是否设置。目前较多的人防审查机构倾向于设置油网滤尘器及除尘室。

8.2.2【问题】 移动电站防毒通道上的超压排气活门安装位置，在《防空地下室移动柴油电站》07FJ05 与《〈人民防空地下室设计规范〉图示——通风专业》05SFK10 中不一致，如何选择？

【解答】 建议防化乙级及以下的工程按照《防空地下室移动柴油电站》07FJ05 做法，并在图纸中要求战时将超压排气活门打开至不锁紧状态。

【规范依据】 无。

【分析】 《〈人民防空地下室设计规范〉图示——通风专业》05SFK10 中，移动电站防毒通道内部设置超压排气活门，清洁区侧设置手动密闭阀；而《防空地下室移动柴油电站》07FJ05 中，移动电站防毒通道内部设置手动密闭阀，清洁区侧设置超压排气活门，两者矛盾。两种做法目前都有不足之处。平时手动密闭阀处于关闭状态，超压排气活门处于锁紧状态，超压排气活门不能自动排气。

对于防化乙级及以下的工程，采用《防空地下室移动柴油电站》07FJ05 的做法，在战时移动电站染毒、主体滤毒式通风时，主体内部相对于防毒通道已处于正常超压状态，操作人员须打开超压排气活门至不锁紧状态，并穿戴防毒衣服和面具进入防毒通道，由于其与移动电站相邻的密闭门还未开启，此时该防毒通道毒剂浓度极低，对清洁区不会造成染毒危险；在操作人员进入移动电站工作完毕后，返回掩蔽所掩蔽时，须打开第一道密闭门（由移动电站向掩蔽所方向计数），进入后关闭该密闭门，人员进行简易洗消，将防毒衣物脱在防毒通道内的储衣柜中，同时打开手动密闭阀门进行超压排风换气；洗消完毕后，关闭手动密闭阀门，再打开第二道密闭门进入人员掩蔽部。这样的操作流程是安全的。

9 软件应用

9.0.1【问题】 碳排放计算软件，目前哪些符合要求?

【解答】 基于国家和地方标准开发的建筑碳排放计算软件，并经过相关部门鉴定的均符合要求。

【规范依据】 《建筑碳排放计算标准》GB/T 51366—2019 全文;

《建筑节能与可再生能源利用通用规范》GB 55015—2021 第 2.0.3 条、第 2.0.5 条。

2.0.3 新建的居住和公共建筑碳排放强度应分别在 2016 年执行的节能设计标准的基础上平均降低 40%，碳排放强度平均降低 $7kgCO_2/(m^2 \cdot a)$ 以上。

2.0.5 新建、扩建和改建建筑以及既有建筑节能改造均应进行建筑节能设计。建设项目可行性研究报告、建设方案和初步设计文件应包含建筑能耗、可再生能源利用及建筑碳排放分析报告。施工图设计文件应明确建筑节能措施及可再生能源利用系统运营管理的技术要求。

陕西省工程建设标准《居住建筑全寿命期碳排放计算标准》DB 61/T 5008—2021 第 3.0.4 条。

3.0.4 建筑碳排放量应按本标准提供的方法和数据计算，宜采用基于本标准计算方法和数据开发的建筑碳排放计算软件计算。

【分析】 国家和地方的碳排放计算标准明确规定了建筑全寿命期各阶段的碳排放计算内容和计算方法。

建筑碳排放软件具备满足《建筑碳排放计算标准》GB/T 51366—2019 和《建筑节能与可再生能源利用通用规范》GB 55015—2021 中碳排放相关要求的计算分析功能，并支持建筑全生命周期碳排放计算，包括建材生产与运输阶段、建筑施工阶段、建筑运行阶段、建筑拆除阶段的碳排放计算，还支持绿植碳汇、可再生能源应用等减碳措施，自动生成建筑运行阶段碳排放降低分析报告书、建筑全生命周期碳排放计算书、建筑全生命周期碳排放计算专篇等。

目前市场上可以满足上述要求的计算软件（正式版）有：PKPM 碳排放计算软件、天正碳排放计算软件等。

9.0.2【问题】 天正软件的空调热冷负荷计算书中不能显示围护结构传热系数，是否属于正常现象?

【解答】 正式版天正软件输出的空调热冷负荷计算书均可以显示围护结构传热系数。

【规范依据】 无。

【分析】 天正软件空调冷负荷计算书体现围护结构传热系数的控件设置步骤为:

第一步：在负荷计算界面设置围护结构的传热系数，如图 9.0.2-1 所示;

第二步：在"设置"下拉列表中点击"习惯设置"，在弹出界面中选择"天正新版"，如图 9.0.2-2 所示;

图 9.0.2-1 设置围护结构的传热系数

图 9.0.2-2 习惯设置

第三步：在"计算"下拉列表中点击"计算书内容设置"，在弹出界面中选择计算书内容设置，勾选传热系数，如图 9.0.2-3 所示；

第四步：在"计算"下拉列表中点击"输出计算书"，在弹出界面中选择"输出"，输出的 Excel 计算书将体现围护结构传热系数，如图 9.0.2-4 所示。

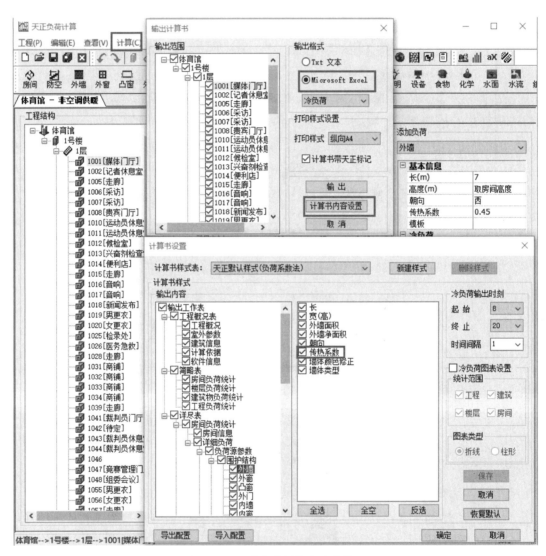

图 9.0.2-3　冷负荷计算书内容设置

体育馆 冷负荷计算书_详尽表

楼号	楼层	房间	负荷源		逐时负荷值								
					8	9	10	11	12	13	14	15	16
					17	18	19	20					
			房间参数		面积(m²)	高度(m)	房间总人数	房间照明总值(W)	房间设备总值(kW)	房间总新风量(m³/h)	室内设计温度(℃)	室内设计相对湿度(%)	
					31	4.8	3	248	0.15	31	27	65	
			西外墙	参数	长(m)	宽(高)(m)	外墙面积(m²)	外墙净面积(m²)	传热系数	墙体颜色修正	墙体类型		
					7	4.8	33.6	24.6	0.45	浅色0.94	IV		
				总冷负荷(W)	62.48	50.76	42.94	37.73	37.73	40.33	46.85	55.97	71.6
					95.06	126.33	160.2	192.78					
			西外门_嵌	参数	长(m)	宽(高)(m)	面积(m²)	传热系数	窗户类型	遮挡系数	内遮阳系数	最大阴影面积	
					3	3	9	2.5	单层钢窗	1	1	未设置	
				总冷负荷(W)	192.34	266.91	334.1	383.39	430.73	788.57	1690.05	2613.28	2921.2
					2938.07	1607.68	164.43	138.91					
				总辐射负荷	138.48	184.7	220.7	244.97	266.3	604.29	1494.43	2409.16	2717.08
					2733.95	1420.57	0	0					
				温差传热负荷	53.86	82.21	113.4	138.91	164.43	184.27	195.62	204.12	204.12
					204.12	187.11	164.43	138.91					
			地面	参数	长(m)	宽度(m)	面积(m²)	传热系数					
					4	7.75	31	未设置					
				总冷负荷(W)	0	0	0	0	0	0	0	0	0
					0	0	0	0					
		1001[媒体门厅]	人体	参数	人数	劳动状态	群集系数						
					3.1	轻劳动	0.93						
				总冷负荷(W)	477.04	618.4		633.27	636.99	638.85	642.57	644.43	564.46
					504.94	497.5	493.78	490.06					
				显热冷负荷	3.72	145.07	154.37	159.95	163.67	165.53	169.25	171.11	91.13
					31.62	24.18	20.46	16.74					
				潜热冷负荷	473.33	473.33	473.33	473.33	473.33	473.33	473.33	473.33	
					473.33	473.33	473.33	473.33					

工程信息及计算依据 / 负荷计算简略表 / 负荷计算详尽表

图 9.0.2-4 冷负荷计算书

9.0.3【问题】 在使用天正软件进行供暖热负荷计算时，输出的详细或简约结果缺少户间传热项，如何解决？

【解答】 正式版天正软件输出的供暖热负荷计算书可以体现户间传热量。

【规范依据】 无。

【分析】 天正软件供暖热负荷计算书体现户间传热量的控件设置步骤为：

第一步：负荷计算界面设置围护结构的户间传热系数，如图 9.0.3-1 所示；

第二步：在"设置"下拉列表中点击"习惯设置"，在弹出界面中选择天正新版，如图 9.0.2-2 所示；

第三步：在"计算"下拉列表中点击"计算书内容设置"，在弹出界面中选择计算书内容设置，勾选供暖户间传热负荷，如图 9.0.3-2 所示；

第四步：在"计算"下拉列表中点击"输出计算书"，在弹出界面中选择"输出"，输出的 Excel 计算书将体现户间传热量，如图 9.0.3-3 所示。

图 9.0.3-1　设置围护结构的户间传热系数

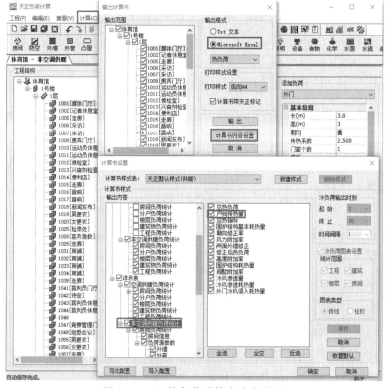

图 9.0.3-2　热负荷计算书内容设置

体育馆 热负荷计算书_详尽表

楼号	楼层	房间	负荷源		总热负荷(W) / 围护结构耗热量	户间传热量 / 间歇附加率	总热指标(W/m²) / 冷风渗透量	围护结构基本耗热量 / 冷风渗透耗热量	朝向修正率 / 外门冷风侵入耗热量	风力附加率	两面外墙修正	修正后热负荷	高度附加率
		1011[运动员休息室]	房间参数	参数	面积(m²) 48	高度(m) 4.8	室内设计温度(℃) 20	室内设计相对湿度(%) 30	放大系数 1.35				
			北外墙	参数	长(m) 7.3	宽(高)(m) 4.8	外墙面积(m²) 35.04	外墙净面积(m²) 24.54	传热系数 0.45	温差修正系数 1			
				负荷统计	383.73 / 383.73	0 / 0	0 / 0	258.41 / 0	0.1 / 0		0	383.73	0.02
			北外窗_嵌	参数	长(m) 4.2	宽(高)(m) 2.5	面积(m²) 10.5	传热系数 2.5	缝隙长度(m) 15.9	渗透系数 0.3	安装高度(m) 1	温差修正系数 1	
				负荷统计	912.16 / 912.16	0 / 0	0 / 2.93	614.25 / 0	0.1 / 0	0	0	912.16	0.02
			楼板	参数	长度(m) 5	宽度(m) 9.6	面积(m²) 48	传热系数 3	楼板类型 下	计算方式 温差计算	邻室温差 12	是否户间传热 是	
				负荷统计	1166.4 / 1166.4	1166.4 / 0	0 / 0	864 / 0	0 / 0	0	0	1166.4	0.02
			人体	参数	人数 12	劳动状态 静坐	群集系数 0.93						
			照明	参数	总功率(W) 384	灯具类型 明装荧光灯	灯罩通风系数 0.8	同时使用系数 0.8					
			设备	参数	设备类型 电热设备	总功率(kW) 1.2	同时使用系数 1						
			新风(热)	参数	新风量 m³/h 360	新风机送风状态点 20.0℃/30.0%	热回收方式 没有热回收						
				负荷统计	5792.35 / 0	0 / 0	0 / 0	0 / 0	0 / 0	0	0	5792.35	0
		1011[运动员休息室]房间小计			9574.08 / 2462.29	1166.4	199.46 / 0	1736.66 / 1293.52	0	0	0	8381.77	0

图 9.0.3-3 热负荷计算书

9.0.4【问题】 在使用天正软件进行公共建筑供暖负荷计算（非空调热负荷）时，软件中无冷风侵入（或大门进风）负荷，如何解决？

【解答】 使用正式版天正软件进行公共建筑供暖负荷计算（非空调热负荷）时，输出的供暖热负荷计算书可以体现冷风侵入（或大门进风）负荷。

【规范依据】 无。

【分析】 天正软件供暖负荷计算（非空调热负荷）体现冷风侵入负荷的控件设置步骤为：

第一步：在负荷计算界面设置围护结构的冷风侵入参数，如图 9.0.4-1 所示；

第二步：在"设置"下拉列表中点击"习惯设置"，在弹出界面中选择天正新版，如图 9.0.2-2 所示；

第三步：在"计算"下拉列表中点击"计算书内容设置"，在弹出界面中选择计算书内容设置，勾选外门冷风侵入耗热量，如图 9.0.4-2 所示；

图 9.0.4-1　设置围护结构的冷风侵入参数

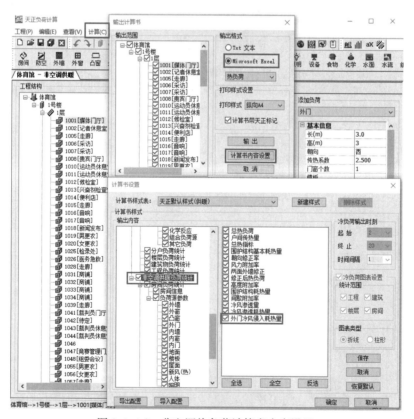

图 9.0.4-2　非空调热负荷计算书内容设置

第四步：在"计算"下拉列表中点击"输出计算书"，在弹出界面中选择"输出"，输出的 Excel 计算书将体现冷风侵入负荷，如图 9.0.4-3 所示。

体育馆 热负荷计算书_详尽表

楼号	楼层	房间	负荷源		总热负荷(W)	户间传热量	总热指标(W/m²)	围护结构基本耗热量	朝向修正率	风力附加率	两面外墙修正	修正后热负荷	高度附加率
					围护结构耗热量	间歇附加率	冷风渗透量	冷风渗透耗热量	外门冷风侵入耗热量				
		1001[媒体门厅]	房间参数		面积(m²)	高度(m)	室内设计温度(℃)	室内设计相对湿度(%)	放大系数				
					31	4.8	16	30	1.35				
			西外墙	参数	长(m)	宽(高)(m)	外墙面积(m²)	外墙净面积(m²)	传热系数	温差修正系数			
					7	4.8	33.6	24.6	0.45	1			
				负荷统计	275.43	0	0	214.76	-0.05	0	0	275.43	0.02
					275.43	0	0	0	0				
			西外门_嵌	参数	长(m)	宽(高)(m)	面积(m²)	传热系数	缝隙长度(m)	渗透系数	安装高度(m)	外门开启附加率	温差修正系数
					3	3	9	0	15	0.3	1	0.60n	1
				负荷统计	1083.61	0	0	436.5	-0.05	0	0	559.81	0.02
					1083.61	0	2.24	0	523.8				
			地面	参数	长(m)	宽度(m)	面积(m²)	传热系数	是否保温地面	温差修正系数			
					4	7.75	31	未设置	否	1			
				负荷统计	318.47	0	0	235.9	0	0	0	318.47	0.02
					318.47	0	0	0	0				
			人体	参数	人数	劳动状态	群集系数						
					3.1	轻劳动	0.93						
			照明	参数	总功率(W)	灯具类型	灯罩通风系数	同时使用系数					
					248	明装荧光灯	0.8	0.8					
			新风(热)	参数	新风量m³/h	新风机送风状态点	热回收方式						
					31	16.0℃/30.0%	没有热回收						
				负荷统计	400.35	0	0	0	0	0	0	400.35	0
					0	0	0	0	0				
			设备	参数	设备类型	总功率(kW)	同时使用系数						
					电热设备	0.15	1						

▶ ▶┃ 工程信息及计算依据／负荷计算简略表＼负荷计算详尽表／ ✎

图 9.0.4-3 非空调热负荷计算书

9.0.5【问题】 在进行建筑能耗计算分析时，渗透风和新风对建筑能耗的影响是如何考虑的？

【解答】 采用建筑能耗计算分析软件进行模拟计算。软件中对于房间中新风和渗透风的数值一般参考所选用的节能设计标准或者民用建筑供暖通风与空气调节相关规范，同时软件也支持自定义修改功能。

【规范依据】 无。

【分析】 在进行建筑的性能化设计分析时，设计师可以通过调整影响建筑能耗的因素，利用建筑能耗计算分析软件进行模拟计算，优化确定设计方案中的某一个环节。渗透风和新风进入建筑室内空间都会引起室内的温湿度变化，从而使得室内的冷热负荷发生变化，引起建筑能耗水平的变化。

冷风渗入耗热量 Q_1：

$$Q_1 = 0.28 c_p \rho_{wn} L_1 (t_n - t_{wn}) \tag{9.0.5-1}$$

式中　Q——由门窗缝隙渗入室内的冷空气的耗热量，W；

　　　c_p——空气的定压比热容，J/(kg·K)；

　　　ρ_{wn}——供暖室外计算温度下的空气密度，kg/m^3；

　　　t_n——供暖室内计算温度，℃；

　　　t_{wn}——供暖室外计算温度，℃；

　　　L_1——渗透冷空气量，m^3/h，参考下式计算：

$$L_1 = kV \tag{9.0.5-2}$$

式中　V——房间体积，m^3；

　　　k——换气次数，h^{-1}。

新风耗热量 Q_2：

$$Q_2 = 0.28 c_p \rho_{wn} L_2 (h_n - h_w)(1 - \eta_1 \xi) \tag{9.0.5-3}$$

式中　L_2——房间的设计新风量，m^3/h；

　　　η_1——显热回收效率，取值为 0~1，没有热回收时为 0；

　　　ξ——排风比例，即热回收装置的排风量/新风量；

　　　h_n——室内焓值，kJ/kg$_{干空气}$；

　　　h_w——室外焓值，kJ/kg$_{干空气}$；

　　　其他符号同式（9.0.5-1）。

新风冷负荷 H：

$$H = (h_w - h_n) Q_o (1 - \eta \xi)$$

式中　η——全热回收效率，没有热回收时为 0；

　　　其他符号同式（9.0.5-3）。

利用建筑能耗计算分析软件进行分析时，渗透风通过换气次数及渗透风时间表的设定，完成负荷计算与建筑能耗计算后分析其影响。目前市场上支持建筑能耗计算分析的软件（正式版）众多，如 PKPM 能耗计算分析、天正能耗计算分析软件等。

9.0.6【问题】　进行公共建筑节能设计的权衡计算时，需比较设计建筑与参照建筑的全年空调供暖能耗，参照建筑的空调系统以及机组等参数是如何确定的？

【解答】　在进行公共建筑节能设计的权衡计算时，参照建筑的空气调节和供暖系统应按全年运行的两管制风机盘管系统设置；计算参照建筑的全年供暖和空调总耗电量时，空气调节系统冷源应采用电驱动冷水机组；严寒地区、寒冷地区供暖系统热源应采用燃煤锅炉；夏热冬冷地区、夏热冬暖地区、温和地区供暖系统热源应采用燃气锅炉。除以上提到的空调系统及机组外，还有围护结构热工参数、照明、人员、电器等，参照建筑对这部分参数在节能设计标准中均明确了要求。

【规范依据】 《公共建筑节能设计标准》GB 50189—2015 附录 B。

附录 B　围护结构热工性能的权衡计算

B.0.1　建筑围护结构热工性能权衡判断应采用能自动生成符合本标准要求的参照建筑计算模型的专用计算软件，软件应具有下列功能：

　　1　全年 8760h 逐时负荷计算；

　　2　分别逐时设置工作日和节假日室内人员数量、照明功率、设备功率、室内温度、供暖和空调系统运行时间；

　　3　考虑建筑围护结构的蓄热性能；

　　4　计算 10 个以上建筑分区；

　　5　直接生成建筑围护结构热工性能权衡判断计算报告。

B.0.2　建筑围护结构热工性能权衡判断应以参照建筑与设计建筑的供暖和空气调节总耗电量作为其能耗判断的依据。参照建筑与设计建筑的供暖耗煤量和耗气量应折算为耗电量。

B.0.3　参照建筑与设计建筑的空气调节和供暖能耗应采用同一软件计算，气象参数均应采用典型气象年数据。

B.0.4　计算设计建筑全年累计耗冷量和累计耗热量时，应符合下列规定：

　　1　建筑的形状、大小、朝向、内部的空间划分和使用功能、建筑构造尺寸、建筑围护结构传热系数、做法、外窗（包括透光幕墙）太阳得热系数、窗墙面积比、屋面开窗面积应与建筑设计文件一致；

　　2　建筑空气调节和供暖应按全年运行的两管制风机盘管系统设置。建筑功能区除设计文件明确为非空调区外，均应按设置供暖和空气调节计算；

　　3　建筑的空气调节和供暖系统运行时间、室内温度、照明功率密度值及开关时间、房间人均占有的使用面积及在室率、人员新风量及新风机组运行时间表、电气设备功率密度及使用率应按表 B.0.4-1～表 B.0.4-10 设置①。

B.0.5　计算参照建筑全年累计耗冷量和累计耗热量时，应符合下列规定：

　　1　建筑的形状、大小、朝向、内部的空间划分和使用功能、建筑构造尺寸应与设计建筑一致；

　　2　建筑围护结构做法应与建筑设计文件一致，围护结构热工性能参数取值应符合本标准第 3.3 节的规定；

　　3　建筑空气调节和供暖系统的运行时间、室内温度、照明功率密度及开关时间、房间人均占有的使用面积及在室率、人员新风量及新风机组运行时间表、电气设备功率密度

----

① 表 B.0.4-1～表 B.0.4-10 略。

及使用率应与设计建筑一致;

 4 建筑空气调节和供暖应采用全年运行的两管制风机盘管系统。供暖和空气调节区的设置应与设计建筑一致。

B.0.6 计算设计建筑和参照建筑全年供暖和空调总耗电量时,空气调节系统冷源应采用电驱动冷水机组;严寒地区、寒冷地区供暖系统热源应采用燃煤锅炉;夏热冬冷地区、夏热冬暖地区、温和地区供暖系统热源应采用燃气锅炉,并应符合下列规定:

 1 全年供暖和空调总耗电量应按下式计算:

$$E = E_H + E_C \tag{B.0.6-1}$$

式中:E——全年供暖和空调总耗电量(kWh/m^2);

  E_C——全年空调耗电量(kWh/m^2);

  E_H——全年供暖耗电量(kWh/m^2)。

 2 全年空调耗电量应按下式计算:

$$E_C = \frac{Q_C}{A \times SCOP_T} \tag{B.0.6-2}$$

式中 Q_C——全年累计耗冷量(通过动态模拟软件计算得到)(kWh);

  A——总建筑面积(m^2);

  $SCOP_T$——供冷系统综合性能系数,取2.50。

 3 严寒地区和寒冷地区全年供暖耗电量应按下式计算:

$$E_H = \frac{Q_H}{A\eta_1 q_1 q_2} \tag{B.0.6-3}$$

式中:Q_H——全年累计耗热量(通过动态模拟软件计算得到)(kWh);

  η_1——热源为燃煤锅炉的供暖系统综合效率,取0.60;

  q_1——标准煤热值,取8.14$kWh/kgce$;

  q_2——发电煤耗($kgce/kWh$),取0.360$kgce/kWh$。

 4 夏热冬冷、夏热冬暖和温和地区全年供暖耗电量应按下式计算:

$$E_H = \frac{Q_H}{A\eta_2 q_3 q_2}\varphi \tag{B.0.6-4}$$

式中:η_2——热源为燃气锅炉的供暖系统综合效率,取0.75;

  q_3——标准天然气热值,取9.87kWh/m^3;

  φ——天然气与标煤折算系数取1.21$kgce/m^3$。

 《建筑节能与可再生能源利用通用规范》GB 55015—2021第C.0.2条~第C.0.7条。

C.0.2 建筑围护结构热工性能的权衡判断采用对比评定法,公共建筑和居住建筑判断指标为总耗电量,工业建筑判断指标为总耗煤量,并应符合下列规定:

 1 对公共建筑和居住建筑,总耗电量应为全年供暖和供冷总耗电量;对工业建筑,总耗煤量应为全年供暖耗热量和供冷耗冷量的折算标煤量；

2 当设计建筑总耗电（煤）量不大于参照建筑时，应判定围护结构的热工性能符合本规范的要求；

3 当设计建筑的总能耗大于参照建筑时，应调整围护结构的热工性能重新计算，直至设计建筑的总能耗不大于参照建筑。

C.0.3 参照建筑的形状、大小、朝向、内部的空间划分、使用功能应与设计建筑完全一致。参照建筑围护结构应符合本规范第3.1.2条~第3.1.10条的规定；本规范未作规定时，参照建筑应与设计建筑一致。建筑功能区除设计文件明确为非空调区外，均应按设置供暖和空气调节系统计算。

C.0.4 建筑围护结构热工性能权衡判断计算应采用能按照本规范要求自动生成参照建筑计算模型的专用计算软件，软件应具有以下功能：

1 采用动态负荷计算方法；

2 能逐时设置人员数量、照明功率、设备功率、室内温度、供暖和空调系统运行时间；

3 能计入建筑围护结构蓄热性能的影响；

4 能计算建筑热桥对能耗的影响；

5 能计算10个以上建筑分区；

6 能直接生成建筑围护结构热工性能权衡判断计算报告。

C.0.5 参照建筑与设计建筑的能耗计算应采用相同的软件和典型气象年数据。

C.0.6 建筑的空气调节和供暖系统运行时间、室内温度、照明功率密度值及开关时间、房间人均占有的建筑面积及在室率、人员新风量及新风机组运行时间表、电器设备功率密度及使用率应符合表C.0.6-1~表C.0.6-13的规定①。

【分析】 进行建筑节能设计时，采用节能计算软件进行指标分析判断，若需要进行权衡分析计算，设计建筑的能耗计算参数按照设计方案的数据进行设定，参照建筑的能耗计算参数按照当前选用的节能设计标准中对于参照建筑的参数要求，参照建筑的能耗计算参数在软件中会自动匹配；权衡计算时的空调系统及机组匹配也同样按照选用的节能设计标准中的要求，如无要求一般默认设计建筑和参照建筑采用相同的空调系统。

目前市场上支持节能计算分析的软件（正式版）有：PKPM节能计算分析软件、天正节能计算分析软件等。

9.0.7【问题】 进行建筑能耗分析时，供暖空调部分中变频水泵的能耗应该怎样计算？

【解答】 进行建筑能耗分析时，一般需要利用能耗计算分析软件进行模拟计算，在软件设置界面按照变频水泵相关的参数对应设置（图9.0.7），完成变频水泵的能耗分析。

---

① 表C.0.6-1~表C.0.6-13略。

图 9.0.7　变频水泵设置

【规范依据】　无。

【分析】　在进行供暖空调系统设计时，水泵选型也是重要的一环。目前变频水泵的能耗在建筑能耗分析中也比较重要，这就需要在设计选型阶段考虑变频水泵的能耗情况并对其进行模拟计算。

变频水泵以及变频调速水泵由变频调速器、交流电动机和水泵组成。变频调速器用来改变电机的转速，从而改变水泵的性能曲线，使水泵始终在高效区间内运行，有利于水泵在部分负荷运行状态下降低能耗。

变频水泵的能耗计算方法：

1. 根据水泵的流量、扬程、水的相对密度乘积计算得到水泵的理论功率。

$$N_\mathrm{t} = \gamma H Q$$

式中　N_t——水泵的理论功率；

　　　γ——水的相对密度；

　　　H——水泵的扬程；

　　　Q——水泵的流量。

2. 根据水泵的理论功率与水泵在部分负荷下的运行效率比值，计算得到水泵的轴功率（电机输出功率）。

$$N_\mathrm{s} = N_\mathrm{t} / \eta_0$$

式中　N_s——水泵的轴功率；

　　　η_0——水泵在部分负荷下的运行效率。

3. 根据水泵轴的功率以及电机在部分负荷下的运行效率比值，计算得到电机输入功率。

$$N_m = N_s / \eta_n$$

式中 N_m——电机输入功率；

η_n——电机在部分负荷下的运行效率，根据电机效率曲线拟合。

4. 根据电机输入功率与变频器效率（根据变频器的性能曲线进行拟合）的比值，计算得到水泵的总输入功率。

$$N_{in} = N_m / \eta_i$$

式中 N_{in}——水泵的总输入功率；

η_i——变频效率，根据变频器效率曲线拟合。

5. 根据水泵的总输入功率（N_{in}），结合运行时间（t_j）即可得到变频水泵的能耗（E_i）。

$$E_i = N_{in} \cdot t_j$$

运行时间 t_j 由用户自行在软件中设置，也可参考节能设计标准或暖通设计规范中给出的供冷供热时间表进行设置。

目前正式版 PKPM 能耗计算分析软件等均具有此项功能。

9.0.8【问题】 碳排放计算如果无法满足减碳要求，如何优化设计来达到减碳目标？

【解答】 可以通过软件进行减碳计算分析，同时也应结合项目实际情况优化方案。

【规范依据】 无。

【分析】 目前标准中要求计算建筑全生命周期碳排放，建筑全生命周期包含建筑材料的生产运输、建筑施工建造、建筑运行几大阶段，涉及建筑从方案设计到竣工后运营的全过程，项目设计中的绿化景观、围护结构材料、暖通空调设备、照明、热水等都会对计算结果有所影响，通过在碳排放计算软件中调整对应参数，设置减碳措施，比如优化建筑围护结构、暖通设备及照明等设计方案，增加可再生能源利用，增加项目场地绿化面积提高碳汇等，重新计算碳排放。在软件中修改的参数及引入的措施也应该同步更新到项目的设计方案中。

目前市场上支持减碳计算分析的软件（正式版）有天正碳排放计算软件、PKPM 碳排放计算软件等。

9.0.9【问题】 能耗分析软件、碳排放计算软件和节能分析软件中常常需要选择项目地点，软件提供的城市列表中没有当前项目所在城市时如何解决？

【解答】 当软件提供的城市列表没有项目所在城市时，可以在行政区域内选择热工设计分区相同且地域邻近的城市作为参考选项。

【规范依据】 《民用建筑热工设计规范》GB 50176—2016 表 A.0.1[①]。

---

① 表 A.0.1 略。

【分析】 热工相关的计算都会涉及热工设计分区和气象参数，这部分内容一般参考《民用建筑热工设计规范》GB 50176—2016 等相关规范中给出的主要城镇热工设计区属及建筑热工设计用室外气象参数，而在这些标准中只给出了主要城市的参数，并没有覆盖所有城市，基于这种情况，考虑相似性原则，这类标准中未给出的城市，其参数引用所属行政区域内热工设计分区相同且地域邻近的城市。

9.0.10【问题】 碳排放和能耗分析计算软件在计算暖通空调能耗时，需要设置供暖季和供冷季时长，该时长对暖通空调能耗计算结果影响显著。针对陕西省各城市，是否需要统一规定各城市的供暖季和供冷季时长，录入到软件中？

【解答】 需要统一规定各城市的供暖季和供冷季时长，并可录入到软件中。陕西省寒冷 A 区代表城市榆林的供暖季为当年 11 月 1 日至次年 3 月 31 日，陕西省寒冷 B 区代表城市西安和夏热冬冷 A 区代表城市汉中的供暖季为当年 11 月 15 日至次年 3 月 15 日。陕西省寒冷 A 区代表城市榆林的供冷季为当年 6 月 25 日至 8 月 25 日，陕西省寒冷 B 区代表城市西安和夏热冬冷 A 区代表城市汉中的供冷季为当年 5 月 15 日至 9 月 15 日。

【规范依据】 无。

【分析】 参考陕西省建筑标准设计《管道及设备绝热防腐》陕 22N 3 编制说明第 3 条、第 6.5.1 条、第 7.4.1 条。

3 气候分区划分

气候分区划分（代表城市）	寒冷 A 区（榆林）	寒冷 B 区（西安）	夏热冬冷 A 区（汉中）
包含城市（市、县）	榆林 延安 铜川 宝鸡 商洛 白水县（渭南）澄城县（渭南） 合阳县（渭南） 长武县（咸阳） 旬邑县（咸阳） 彬州市（咸阳） 淳化县（咸阳） 永寿县（咸阳） 杨凌区（咸阳）礼泉县（咸阳） 留坝县（汉中） 佛坪县（汉中）宁强县（汉中） 宁陕县（安康）镇坪县（安康）	西安 渭南 咸阳	汉中 安康

注：表中气候分区依据《居住建筑节能设计标准》DB 61/T 5033—2022 中的城市气候分区归类。

6.5.1 年运行时间 τ，常年运行按 8000h 计，季节运行时间见表 6.5.1。

表 6.5.1 季节运行时间表

气候分区划分（代表城市）	寒冷 A（榆林）	寒冷 B（西安）	夏热冬冷 A（汉中）
采暖初/终日	11.1/3.31	11.15/3.15	11.15/3.15
采暖季节运行时间（h）	3600	2880	2880

注：1 未注明的地区按所在城市的气候分区选用绝热厚度。
2 采暖初/终日采用当地集中供暖时间。

7.4.1 空调季节运行时间见表 7.4.1。

表 7.4.1　空调季节运行时间表

气候分区划分（代表城市）	寒冷 A（榆林）	寒冷 B（西安）	夏热冬冷 A（汉中）
空调初/终日	6.25/8.25	5.15/9.15	5.15/9.15
空调季节运行时间（h）	1440	2880	2880

注：未注明的地区按所在城市的气候分区选用绝热厚度。

为了避免供暖（冷）季差异导致的能耗水平差异，统一规定了陕西省各城市的供暖季和供冷季时长，设计人员或软件开发人员可将该时长录入到软件中。

9.0.11【问题】　在公共、居住混合建筑的碳排放或能耗计算中，通常将公共建筑和居住建筑分开计算，输出两份报告书。针对这种项目，计算软件对模型处理和参数设置有什么特殊要求？

【解答】　针对公共、居住混合建筑，模型处理时需要将公共建筑部分的建筑平面图与居住建筑部分的建筑平面图进行分割，参数设置时应注意公共建筑和居住建筑共用的围护结构构造设置。

【规范依据】　无。

【分析】　围护结构的邻近区域类型分为室外、空调房间、非空调房间（外区）、非空调房间（内区）和地下，软件会根据当前围护结构的类别及其相邻情况自动判定邻近区域类型。因此，需要注意公共建筑和居住建筑共用的围护结构构造设置，以便正确确定邻近区域空调情况。

10 设计文件深度

10.0.1【问题】 设计多联式空调系统冷媒管道时，对设计深度有什么要求？

【解答】 应绘制全部冷媒管道并标注管径。

【规范依据】 《建筑工程设计文件编制深度规定》（2016 年版）第 4.7.5 条第 5 款、第 6 款。

4.7.5 平面图。

5 空调管道平面单线绘出空调冷热水、冷媒、冷凝水等管道，绘出立管位置和编号，绘出管道的阀门、放气、泄水、固定支架、伸缩器等，注明管道管径、标高及主要定位尺寸。

6 多联机式空调系统应绘制冷媒管和冷凝水管。

【分析】 在进行多联式空调系统设计时，图纸上的所有表达内容应完整，包括主机、室内机、冷媒管、冷凝水管等，同时不同管径也应进行标注。如果仅预留多联式空调系统安装条件，暖通空调图纸中主机及冷媒管道可不表示，仅需配合相关专业预留安装条件即可。如果需要设计多联式空调系统，其冷媒管道应表达完整，包括管径、变径处及分配器，由于不同厂家管径存在差异，可以根据选型样本进行标注，并同时在图上注明"冷媒管道管径应由实际供货厂家进行校核及修正后方可施工"。

10.0.2【问题】 地下车库一氧化碳监控系统，暖通空调专业图纸需要表达哪些内容？

【解答】 暖通空调专业应在设计说明中提出设置要求，并提资给电气专业，同时在平面图中示意出一氧化碳探测器的位置。

【规范依据】 《建筑工程设计文件编制深度规定》（2016 年版）第 4.7.7 条第 5 款。

4.7.7 系统图、立管式竖风道图

5 空调、通风、制冷系统有自动监控要求时，宜绘制控制原理图，图中以图例绘出设备、传感器及执行器位置；说明控制要求和必要的控制参数。

【分析】 地下车库通风系统与一氧化碳监控系统的控制要求、原理、做法等均由电气专业在图纸中表达，但设置一氧化碳探测器的要求应由暖通空调专业提资给电气专业，同时暖通空调专业应在图纸上示意出一氧化碳探测器的位置并在设计说明中提出设置要求。

10.0.3【问题】 柴油发电机房内储油箱的通气管是否由暖通空调专业设计？

【解答】 柴油发电机房内储油箱的通气管由电气专业设计并在施工图中进行表达，暖通空调专业仅在设计说明中提出要求即可。

【规范依据】 无。

【分析】 储油箱是柴油发电机组的附属设施，通气管的主要作用是将易燃气体及时引导、放散到大气中，防止油箱中的易燃气体聚集，同时保持油箱中压力与大气压的平衡，使油路管道回油顺畅。通气管的具体设置可见《柴油发电机组设计与安装》15D202—2。

10.0.4【问题】 未将规范中的强制性条文写入设计说明中是否算违反强制性条文？设计说明中出现大量与本设计无关的内容仅照抄规范原文，而与本设计相关内容又未表达清楚，是否可判断为设计深度不够？同一批项目各单体均采用同一套《通用说明》，缺少针对本项目具体的设计说明是否满足设计深度要求？

【解答】 若图纸内容已清晰表达且未见违反强制性条文的情况，则不应由于未将强制性条文写入设计说明而判定为违反强制性条文；反之，即便将强制性条文写入设计说明但图纸内容有违反强制性条文的情况，亦应判定违反强制性条文；对于设计范围内用图无法表达的与本项目设计相关的强制性条文，应列入设计说明中。

与本设计无关的内容仅照抄规范原文，而与本设计相关内容又未表达清楚可以认定为设计深度不够。

同一批项目各单体可以采用《通用说明》，同时各单体设计的具体内容要明确说明。

【规范依据】 无。

【分析】 在设计说明中不应照抄规范条文，而应将规范要求融入实际设计之中，使设计本身满足规范要求。相关人员为规避责任不去核实图纸，寄希望于将问题交由施工单位现场解决并执行设计说明中列出的强制性条文，这是存在隐患和风险的。对于设计范围内用图无法表达的与本项目设计相关的强制性条文应列入设计说明中，当设计说明中未体现时，可判定为"漏缺"。

采用《通用说明》可以避免各子项之间相同内容的重复表述，有利于推进设计文件的标准化，同时对每个单体的差异性应在设计说明中给予体现。

10.0.5【问题】 《建筑节能与可再生能源利用通用规范》GB 55015—2021 第 3.2.16 条规定：风机和水泵选型时，风机效率不应低于现行国家标准《通风机能效限定值及能效等级》GB 19761 规定的通风机能效等级的 2 级。循环水泵效率不应低于现行国家标准《清水离心泵能效限定值及节能评价值》GB 19762 规定的节能评价值。在设计时应如何体现？

【解答】 在设计图纸的设备参数表等处应明确标出对选用设备的效率要求。暖通空调系统中应用的各类通风机应通过计算确定压力系数和比转速等参数，并按现行国家标准《通风机能效限定值及能效等级》GB 19761 中规定的能效等级不低于 2 级选取。水泵是耗能设备，应该通过计算确定水泵的流量和扬程，并合理选择满足现行国家标准《清水离心泵能效限定值及节能评价值》GB 19762 规定的节能评价值的设备。

【规范依据】 《建筑节能与可再生能源利用通用规范》GB 55015—2021 第 3.2.16 条。

3.2.16 风机和水泵选型时，风机效率不应低于现行国家标准《通风机能效限定值及能效等级》GB 19761 规定的通风机能效等级的 2 级。循环水泵效率不应低于现行国家标准《清水离心泵能效限定值及节能评价值》GB 19762 规定的节能评价值。

【分析】 水泵和风机是暖通空调输配系统中最主要的耗能设备，规定水泵和风机的能效水平对于整个输配系统提高能效非常重要；现行相关节能设计标准中对集中供暖系统循环水泵的集中供暖系统耗电输热比（$EHR\text{-}h$）、空调冷（热）水系统循环水泵的空调冷（热）水系统耗电输冷（热）比 $[EC(H)R\text{-}a]$、空调风系统和通风系统的风量大于 $10000\text{m}^3/\text{h}$ 时的风道系统单位风量耗功率（W_S）都提出了明确要求。设计人员对以上参数的计算及风机能效和水泵节能评定值的计算，主要是为了选择高效、低能耗的设备，因此对空调、通风系统的管道系统在设计工况下的阻力应进行优化，以降低能耗。

10.0.6【问题】 室外供暖（供冷）管网施工图是否一定要绘制纵断面图？

【解答】 当室外工程平面图能够清楚表达供暖（供冷）管道的标高、敷设方式、坡向、坡度、检查井等的位置，并且能够指导施工时，可以不绘制纵断面图，但需绘制节点剖面图。

【规范依据】《建筑工程设计文件编制深度规定》（2016 年版）第 4.8.7 条第 2 款。

4.8.7 室外管网图

2 纵断面图（比例：纵向为 1：500 或 1：1000，竖向为 1：50）。

地形较复杂的地区应绘制管道纵断面展开图。

当地沟敷设时，所要标出内容为：管段编号（或节点编号）、设计地面标高、沟顶标高、沟底标高、管道标高、地沟断面尺寸、管段平面长度、坡度及坡向。

当架空敷设时，所要标出内容为：管段编号（或节点编号）、设计地面标高、柱顶标高、管道标高、管段平面长度、坡度及坡向。

当直埋敷设时，所要标出内容为：管段编号（或节点编号）、设计地面标高、管道标高、填砂沟底标高、管段平面长度、坡度及坡向。

管道纵断面图中还应表示出关断阀、放气阀、泄水阀、疏水装置和就地安装测量仪表等。

简单项目及地势平坦处，可不绘制管道纵断面图而在管道平面图主要控制点直接标注或列表说明上述各种数据。

【分析】 室外供热管网的纵断面图是依据管网平面图所确定的管道线路，在室外地形图的基础上绘制出管道的纵向断面图，用于指导施工。当工程地形不复杂，管网平面图可以清楚表达管位且能够准确指导施工时，可不绘制纵断面图。

10.0.7【问题】 地面辐射供暖设计时，若需要设置伸缩缝，地面伸缩缝是否在设计图上进行表达示意？

【解答】 在盘管平面图中应表达伸缩缝的设置位置。

【规范依据】 《辐射供暖供冷技术规程》JGJ 142—2012 第 3.1.13 条第 6 款。

3.1.13 辐射供暖供冷工程应提供下列施工图设计文件:

6 地面构造及伸缩缝设置示意图。

【分析】 辐射供暖供冷工程混凝土填充层设置伸缩缝,目的是防止因热胀冷缩导致面层(瓷砖、木地板)的龟裂、空鼓、松动等不良使用后果,是设计中非常重要的组成部分。同时,加热供冷管的环路布置不宜穿越填充层内的伸缩缝,必须穿越时,伸缩缝处应设置长度不小于 200mm 的柔性套管。为减少工程造价及降低施工复杂程度,设计人员在绘制盘管回路时应统筹考虑伸缩缝的设置位置及各盘管回路长度,所以在盘管平面图中表达伸缩缝的设置位置是非常必要的。

10.0.8【问题】 当楼梯间和前室采用自然通风防烟方式时,暖通空调专业图纸应表达哪些内容?采用自然排烟或机械排烟系统的场所,防烟分区要表达的内容有哪些?

【解答】 当楼梯间和前室采用自然通风的防烟方式时,设计说明的防烟设计条款中应有针对性表述,同时在平面图中对自然通风窗或开口处(如门洞)进行标注,标注内容包括:自然通风窗或开口的面积、楼梯间顶部可开启外窗或开口的面积、手动执行装置的设置要求等;当建筑高度大于 10m 时,还应标注楼梯间每 5 层内外窗开启的总面积。

采用自然排烟的场所应按照防烟分区设置信息表,内容应包括:防烟分区名称、面积、净高,防烟分区长边长度(走道还应注明走道的净宽),最小清晰高度,设计清晰高度,储烟仓厚度,计算要求的自然排烟窗有效开启面积等。

采用机械排烟系统的场所应按照防烟分区设置信息表,内容应包括:防烟分区名称、面积、净高,防烟分区长边长度(走道还应注明走道的净宽),最小清晰高度,设计清晰高度,储烟仓厚度,设置排烟口的个数,单个排烟口最大允许排烟量及实际排烟量等。

在平面图中应绘制挡烟垂壁的设置位置,并标注设置高度(挡烟垂壁底距地高度),在设计说明中应明确采用挡烟垂壁的形式及技术性能要求等。

【规范依据】 无。

【分析】 采用自然通风的防烟方式时,对开窗或开口的设置要求很高,需要各相关专业通力配合,暖通空调专业通过计算给建筑专业提供资料,建筑专业将开窗(口)的面积和位置等准确落实在设计图中,确保项目建成后能满足消防安全的要求。审图人员在审查此项内容时,应重点查看建筑专业的设计说明、门窗表、门窗大样图和平立剖面图中门窗是否满足要求,是否与暖通空调专业的相关设计一致。

10.0.9【问题】 施工图设计阶段暖通空调专业的节能计算书包括哪些内容?

【解答】 暖通空调专业的节能计算书是暖通空调专业计算书的一部分,暖通空调专业计算书包括：室外气象参数、室内设计参数、规范标准依据、冷热负荷计算（附编号图）、供暖空调管道水力及水力平衡计算（附管段编号图）、风管阻力计算（附管段编号图）、设备选择计算（焓湿图）等。

根据相关节能标准的要求，除常规参数外，暖通空调专业在设备选型计算时，还应对下列参数进行计算校核，同时还应在设计说明和设备材料中注明：

1. 电机驱动的蒸气压缩循环冷水（热泵）机组综合部分负荷性能系数（IPLV）、多联式空调（热泵）机组的能效（水冷机组综合部分负荷性能系数 IPLV、风冷机组全年性能系数 APF）。

2. 空调系统电冷源综合制冷性能系数（SCOP）。

3. 单元式空气调节机、风管送风式空调（热泵）机组能效（风冷单冷机组及风管机制冷季节能效比 SEER、风冷热泵机组及风管机全年性能系数 APF、水冷机组及风管机综合部分负荷性能系数 IPLV）。

4. 冷水（热泵）机组的制冷性能系数、直燃型溴化锂吸收式冷（温）水机组的性能参数。

5. 房间空气调节器的全年性能系数（APF）和制冷季节能效比（SEER）。

6. 集中供暖系统耗电输热比（EHR-h）。

7. 空调冷（热）水系统耗电输冷（热）比 [EC(H)R-a]。

8. 风道系统单位风量耗功率（W_s）。

9. 空气源热泵机组供热时，冬季设计工况下热泵机组制热性能系数。

10. 地源热泵机组的能效。

11. 通风机压力系数和比转速等参数。

12. 水泵规定点效率值、泵能效限定值和节能评价值。

【规范依据】《建筑工程设计文件编制深度规定》（2016 年版）第 4.7.10 条。

4.7.10　计算书。

1　采用计算程序计算时，计算书应注明软件名称、版本及鉴定情况，打印出相应的简图、输入数据和计算结果。

2　以下计算内容应形成计算书：

1）供暖房间耗热量计算及建筑物供暖总耗热量计算，热源设备选择计算；

2）空调房间冷热负荷计算（冷负荷按逐项逐时计算），并应有各项输入值及计算汇总表；建筑物供暖供冷总负荷计算，冷热源设备选择计算；

3）供暖系统的管径及水力计算，循环水泵选择计算；

4）空调冷热水系统最不利环路管径及水力计算，循环水泵选择计算。

3　以下内容应进行计算：

1）供暖系统设备、附件等选择计算，如散热器、膨胀水箱或定压补水装置、伸缩器、疏水器等；

2）空调系统设备、附件等选择计算，如空气处理机组、新风机组、风机盘管、多联式空调系统设备、变风量末端装置、空气热回收装置、消声器、膨胀水箱或定压补水装置、冷却塔等；

3）空调、通风、防排烟系统风量、系统阻力计算，通风、防排烟系统设备选型计算；

4）空调系统必要的气流组织设计与计算。

4 必须有满足工程所在省、市有关部门要求的节能设计、绿色建筑设计等的计算内容。

【分析】 本条对暖通专业的节能计算书进行详细说明。首先，设计人员进行负荷计算时，暖通空调专业计算书所采用数据应与围护结构热工参数一致；根据计算结果选用满足现行节能设计标准及相关规定的设备；为选择高效、低能耗的设备，要进行集中供暖系统耗电输热比（$EHR\text{-}h$）、空调冷（热）水系统耗电输冷（热）比 $[EC(H)R\text{-}a]$、水冷机组及风管机组综合部分负荷性能系数（$IPLV$）、空调系统电冷源综合制冷性能系数（$SCOP$）、风系统单位风量耗功率（W_s）等的校核计算。

对于暖通空调系统中应用的各类通风机的压力系数和比转速等参数的计算和选取，按现行国家标准《通风机能效限定值及能效等级》GB 19761 中规定的能效等级不低于 2 级选取；水泵的能效限定值及能效等级，按照现行国家标准《清水离心泵能效限定值及节能评价值》GB 19762 中规定的能效等级不低于节能评价值，通过对水泵规定点效率值、泵能效限定值和节能评价值的查表计算合理选择节能的水泵产品。

根据《工业建筑节能设计统一标准》GB 51245—2017 的相关规定，节能设计分类分为一类、二类工业建筑。暖通空调专业节能计算书应根据项目工业厂房的使用功能、性质及工艺要求确定其节能设计分类，进一步确定计算厂房余热强度、换气次数，最后将计算结果提交给建筑专业进行围护结构的节能设计计算。

10.0.10【问题】 公共建筑中的餐饮厨房仅做排油烟系统预留条件，不进行施工图设计，是否满足设计深度要求？

【解答】 不能满足设计深度要求。除厨房局部排风系统的排风罩和水平排油烟管道部分可由专业公司二次设计外，对于厨房全面通风系统、排油烟竖向井道、油烟净化装置等均应设计到位。

【规范依据】 陕西省工程建设标准《公共厨房污染控制及废弃物处理设计标准》DB 61/T 5034—2022 第 4.1.3 条。

4.1.3 公共厨房的炉灶（灶头）及产生油烟的设备应设置油烟净化（局部机械排风）系统，其废气排放应满足表 4.1.3-1 及表 4.1.3-2 的规定。

表 4.1.3-1　公共厨房油烟和非甲烷总烃排放限值

序号	污染物	限值（mg/m³）	污染物排放监测位置
1	油烟	1.0	油烟净化设备出风口下游 0.5～1.0m 处水平管道上（多个排油烟管汇总排放时，应将采样监测探头安装在总排油烟管道上；也可在各分支排油烟管道上分别安装监测探头）
2	非甲烷总烃	10	

表 4.1.3-2　公共厨房油烟污染物净化设施去除效率

序号	污染物	净化设施污染物去除效率（%）
1	油烟	≥90
2	非甲烷总烃	≥60

《饮食业油烟排放标准（试行）》GB 18483—2001 第 5.1 条。

5.1　排放油烟的饮食业单位必须安装油烟净化设施，并保证操作期间按要求运行。油烟无组织排放视同超标。

【分析】　公共建筑中的厨房在运行时散发大量油烟、蒸汽和余热等，为有效地将油烟、蒸汽和余热等控制在炉灶等局部区域并直接排出室外，通常需设置局部机械排风系统，改善厨房的室内环境。当厨房工作人员仅进行烹饪前的准备工作时，厨房各部分区域仍有一定的余热和异味，通常设置全面机械通风系统。对于燃气厨房，连续运行的全面机械通风系统还与厨房内燃气报警设备联动，以保证安全运行。因此，只有设计到位，才能保证气流组织合理，规划好进、排风口的位置，避免短路或污染。

根据《饮食业油烟排放标准（试行）》GB 18483—2001 的要求，公共建筑中的厨房的排油烟系统必须安装油烟净化设施，并保证操作期间按要求运行。油烟无组织排放视同超标。

如果初次建设时无法确定厨房内房间布局、灶台和热加工设备数量，厨房内局部排风系统的排风罩和排油烟管道可以采取预留条件由专业公司深化设计的方式，但厨房全面通风系统、排油烟竖向井道、油烟净化装置等必须设计到位。

10.0.11【问题】　施工图设计中，关于空调系统、制冷机房、换热机房等的监测控制需要做到什么深度？

【解答】　设计说明中确定各系统自动监控原则（就地或集中监控），说明系统的控制要求和必要的控制参数等，需要时对设备的运行控制要求进行说明。空调、制冷系统有监测与控制时，宜有控制原理图，图中以图例绘出设备、传感器及控制元件位置。设计任务书另行约定时，还应根据约定进行相应的说明或设计。

【规范依据】　《建筑工程设计文件编制深度规定》（2016 年版）第 4.7.3 条第 1 款第8）项、第 4.7.7 条第 5 款。

4.7.3　设计说明和施工说明。

1　设计说明。

8）监测与控制要求，有自动监控时，确定各系统自动监控原则（就地或集中监控），说明系统的使用操作要点等。

4.7.7 系统图、立管或竖风道图。

5 空调、通风、制冷系统有自动监控要求时，宜绘制控制原理图，图中以图例绘出设备、传感器及执行器位置；说明控制要求和必要的控制参数。

【分析】 为实现设计意图和满足用户需求，指导施工和运维，最终实现监测、控制、远动操作、安全保护、自动调节等不同层次的功能，提出具体的系统监测与控制的要求和使用操作要点是非常必要的。在实际设计时，监控的控制点位可采用图纸表示或引用相关标准图集。

11 其他

11.0.1【问题】 《建筑与市政工程抗震通用规范》GB 55002—2021 第 5.1.12 条未明确指出何种设备及管线需要采取抗震措施,是否指所有关键设备均需考虑抗震措施? 是所有设备及管线均需设置抗震支吊架,还是根据《建筑机电工程抗震设计规范》GB 50981—2014 的要求设置抗震支吊架即视为满足要求?

【解答】 抗震设防烈度 6 度及以上地区的各类新建、扩建、改建建筑与市政工程中所有暖通空调设备及管道均应进行抗震设防,采取相应的抗震措施,其中抗震支吊架的设置范围可按《建筑机电工程抗震设计规范》GB 50981—2014 中的要求确定。

【规范依据】 《建筑与市政工程抗震通用规范》GB 55002—2021 第 1.0.2 条、第 5.1.12 条。

1.0.2 抗震设防烈度 6 度及以上地区的各类新建、扩建、改建建筑与市政工程必须进行抗震设防,工程项目的勘察、设计、施工、使用维护等必须执行本规范。

5.1.12 建筑的非结构构件及附属机电设备,其自身及与结构主体的连接,应进行抗震设防。

【分析】 《建筑与市政工程抗震通用规范》GB 55002—2021 是设置抗震措施的总体原则和基本要求,必须遵照执行,对于通用规范中未详细规定的内容,具体的设计要求按照《建筑机电工程抗震设计规范》GB 50981—2014 执行。

11.0.2【问题】 柴油发电机房排烟烟囱或排烟井是否一定要出屋面高空排放?

【解答】 柴油发电机房排烟烟囱排至对周边环境无影响的区域内或者宜高出屋面排放,当烟囱布置受限时,应经烟气净化装置处理后排放。

【规范依据】 无。

【分析】 柴油发电机工作时,排放的烟气包含复杂的有机物和无机物,具有气体、液体、固体等,其成分为一氧化碳、碳氢化合物、氮氧化物、二氧化硫和颗粒状物质,这些排放物对人体和周边环境都有影响。

作为建筑物消防备用电源的柴油发电机,其储油箱的储油量一般是 $1m^3$,可供一台 200kW(燃油消耗率小于 210g/kWh)的发电机工作 24h。如此看来,作为消防备用电源的柴油发电机的实际工作时间很短。而作为特殊建筑(如数据中心)等备用电源的柴油发电机运行时间会较长且装机容量较大。

《民用建筑电气设计标准》GB 51348—2019 第 6.1.4 条第 6 款及其条文说明也给出了排烟管伸出室外位置不合理影响周边环境的案例。

柴油发电机房排烟烟囱一定要排至对周边环境无影响的区域,当高空排放烟囱布置确实受限时,应对烟气加以处理。

11.0.3【问题】 装修项目为部分装修,因围护结构传热系数缺失,无法提供负荷计算书，空调设备选型均靠估算，是否满足设计深度要求？

【解答】　集中供暖和集中空调系统的施工图设计，必须进行房间热负荷和逐项逐时冷负荷计算，装修项目也应按此执行。

【规范依据】　《建筑节能与可再生能源利用通用规范》GB 55015—2021第1.0.2条、第3.2.1条。

1.0.2　新建、扩建和改建建筑以及既有建筑节能改造工程的建筑节能与可再生能源建筑应用系统的设计、施工、验收及运行管理必须执行本规范。

3.2.1　除乙类公共建筑外，集中供暖和集中空调系统的施工图设计，必须对设置供暖、空调装置的每一个房间进行热负荷和逐项逐时冷负荷计算。

【分析】　1. 结合建筑的类型与供暖空调系统类型，应严格执行《建筑节能与可再生能源利用通用规范》GB 55015—2021相关强制性条文的规定。

2. 若缺少相关节能计算书，设计人员可现场踏勘，实地了解围护结构、保温做法、材料及其厚度等，查阅相关手册或检测报告，计算所需的围护结构传热系数，再进行下一步的负荷计算。

11.0.4【问题】　设计说明中仅提出风管耐火极限的要求，未提满足耐火极限防烟排烟风管的做法，是否满足设计深度要求？

【解答】　不满足设计深度要求。应提供相关排烟风管的材质及做法。

【规范依据】　《建筑工程设计文件编制深度规定》（2016年版）第4.7.3条第2款第1）项。

4.7.3　设计说明和施工说明。

2　施工说明。

施工说明应包括以下内容：

1）设计中使用的管道、风道、保温材料等材料选型及做法。

【分析】　设计说明中不仅包含设计说明，还包含施工说明，对设计所选用的管材、做法应该有明确的规定，方能符合施工图设计深度要求。若不明确管材材质及做法，无法保证工程造价的真实性和准确性。

11.0.5【问题】　《建筑设计防火规范(2018年版)》GB 50016—2014中无城市隧道通风计算公式，也未说明是否可参考其他行业计算公式，城市隧道通风是否可以参考《公路隧道通风设计细则》JTG/T D70/2-02—2014进行设计？

【解答】　可以参考《公路隧道通风设计细则》JTG/T D70/2-02—2014。结合道路及隧道等级，相关设计原理、设计方法可以《公路隧道通风设计细则》JTG/TD 70/2-02—2014为基础，相关通风设计标准及参数还应以《城市地下道路工程设计规范》CJJ 221—

2015 为基础。

【规范依据】 无。

【分析】 《建筑设计防火规范（2018 年版）》GB 50016—2014 有关城市交通隧道的章节中主要偏重城市交通隧道内的防火、消防设计标准，并未涉及相关通风设计原理及方法。《公路隧道通风设计细则》JTG/T D70/2-02—2014 适用于高速公路，以及一、二、三、四级公路的新建和改建山岭隧道，其第 1.0.2 条的条文说明中也明确该细则是以各级公路山岭隧道为主要对象进行编制的。其他隧道，如水下隧道、城市隧道及山岭隧道，在通风方式、通风计算等方面，与公路隧道无根本区别，主要区别在于通风标准不同。因此，城市隧道（机动车）相关通风设计的原理、方法及标准可根据城市道路的等级按《公路隧道通风设计细则》JTG/T D70/2-02—2014 进行设计。另外，一些通风设计参数的取值应符合《城市地下道路工程设计规范》CJJ 221—2015 的相关规定。

11.0.6【问题】 地铁工程设计中，新风风亭、排风（烟）风亭的水平间距一般按《地铁设计规范》GB 50157—2013 的规定"不小于 10m"执行，该规定与《建筑防烟排烟系统技术标准》GB 51251—2017 中"进风口与排风口边缘最小水平距离不应小于 20.0m"的规定差别较大。 对于此类问题，当专业标准与综合性标准不一致时，能否按照专业标准执行？

【解答】 地铁工程风亭间距可按《地铁设计规范》GB 50157—2013 和《地铁设计防火标准》GB51298—2018 的规定执行。当专业标准有特别规定时，可按专业标准的规定执行。

【规范依据】 《建筑防烟排烟系统技术标准》GB 51251—2017 第 1.0.2 条。

1.0.2 本标准适用于新建、扩建和改建的工业与民用建筑的防烟、排烟系统的设计、施工、验收及维护管理。对于有特殊用途或特殊要求的工业与民用建筑，当专业标准有特别规定的，可从其规定。

《地铁设计规范》GB 50157—2013 第 9.6.2 条第 1 款，第 9.6.3 条第 1 款、第 2 款，第 9.6.4 条。

9.6.2 当采用侧面开设风口的风亭时，应符合下列规定：

1 进风、排风、活塞风口部之间的水平净距不应小于 5m，且进风与排风、进风与活塞风口部应错开方向布置或排风、活塞风口部高于进风口部 5m；当风亭口部方向无法错开且高度相同时，风亭口部之间的距离应符合本规范 9.6.3 条第 1、2 款的规定。

9.6.3 当采用顶面开设风口的风亭时，应符合下列规定：

1 进风与排风、进风与活塞风亭口部之间的水平净距不应小于 10m；

2 活塞风亭口部之间、活塞风亭与排风亭口部之间水平净距不应小于 5m。

9.6.4 当风亭在事故工况下用于排烟时，排烟风亭口部与进风亭口部、出入口口部的直线距离宜大于 10m；当直线距离不足 10m 时，排烟风亭口部宜高于进风亭口部、出入口口部 5m。

《地铁设计防火标准》GB 51298—2018 第 3.1.3 条、第 3.1.4 条。

3.1.3 地下车站的进风、排风和活塞风采用高风亭时，风口的位置应符合下列规定：

1 排风口、活塞风口应高于进风口；

2 进风口、排风口、活塞风口两两之间的最小水平距离不应小于 5m，且不宜位于同一方向。

3.1.4 采用敞口低风井的进风井、排风井和活塞风井，风井之间、风井与出入口之间的最小水平距离应符合下列规定：

1 进风井与排风井、活塞风井之间不应小于 10m；

2 活塞风井之间或活塞风井与排风井之间不应小于 5m；

3 排风井、活塞风井与车站出入口之间不应小于 10m；

4 排风井、活塞风井与消防专用通道出入口之间不应小于 5m。

【分析】 地铁工程是城市交通的骨干力量，为了服务于更多的市民出行，其线路多经过城市主干道、核心城区、交通枢纽、重要经济组团和城市 CBD 等人员流动性大、周边建筑物密集的区域。地下车站的建设空间一般十分局促，地下车站的风井、风道多敷设于道路周边附属地块范围内，一方面需要与周边景观、建筑物以及地下市政管道协调布置，另一方面还要综合考虑振动、噪声、各类污染对周边生态环境的影响。在此条件下，风亭的设置大多受限于周边环境和条件，难以实现《建筑防烟排烟系统技术标准》GB 51251—2017 中"进风口与排烟风口最小水平距离不应小于 20.0m"的要求。

《建筑防烟排烟系统技术标准》GB 51251—2017 第 1.0.2 条规定：对于有特殊用途或特殊要求的工业与民用建筑，当专业标准有特别规定时，可从其规定。《地铁设计规范》GB 50157—2013 是地铁工程建设的国家标准，并且更加贴合地铁工程的建设特点和功能需求。目前我国所有地铁工程，均按照《地铁设计规范》GB 50157—2013 和《地铁设计防火标准》GB 51298—2018 中的风亭设置要求进行建设，相关的方案设计和建设模式已成熟、稳定。

11.0.7【问题】 标准图是否可以作为施工图审查依据？

【解答】 标准图不可以作为施工图审查依据。

【规范依据】 无。

【分析】 国家及地方的标准图仅供设计参考。标准图是把可供参照的设计、施工方法较为直观地加以呈现，是用于加深对技术标准、规范理解的手段，可以有选择地引用。标准图的编制、审查等环节没有工程建设技术标准严格，甚至有些标准图的表述并不完善或存在错误，因此不能作为施工图审查依据。设计人员、审图人员在设计或审查时，应确保使用的标准图正确，应按照规范的要求进行设计、审查。